# ESSAI CRITIQUE

## SUR

# LE GAZ HYDROGÈNE.

CET OUVRAGE SE VEND ÉGALEMENT,

## A PARIS,

Chez ROUSSEAU, libraire, rue de Richelieu, n° 107,
Et chez AIMÉ ANDRÉ, libraire, quai des Augustins, n° 59;

## A LILLE,

Chez VANACKÈRE père, libraire,
Et chez VANACKÈRE fils, imprimeur-libraire.

———

DE L'IMPRIMERIE DE CELLOT,
rue du Colombier, n. 30.

# ESSAI CRITIQUE

## SUR

# LE GAZ HYDROGÈNE

### ET

## LES DIVERS MODES D'ÉCLAIRAGE ARTIFICIEL,

### PAR MM.

## CHARLES NODIER et AMÉDÉE PICHOT,

### DOCTEUR EN MÉDECINE.

. . . . . . . . . . PROXIMUS ARDET

UCALEGON. . . . . . . . .

## PARIS,

### LIBRAIRIE DE CHARLES GOSSELIN,

#### RUE DE SEINE, N° 12;

### LADVOCAT, ET PONTHIEU,

#### PALAIS-ROYAL.

—

## M. DCCC. XXIII.

# PRÉFACE.

---

Hail, holy Light, offspring of heaven first-born,
Or of th' Eternal co-eternal beam,
May I express thee unblam'd, since God is light, etc.

(MILTON, ch. III.)

Salut, clarté du jour, éternelle lumière,
Du ciel la fille aînée et la beauté première,
Peut-être du Très-Haut rayon co-éternel,
Si te nommer ainsi n'outrage pas le ciel.

(*Imitation par* DELILLE.)

## LE DOCTEUR ET SON AMI.

### LE DOCTEUR.

C'est donc vous, mon ami! Qui vous a retenu si long-temps loin de nos petits cercles sans coteries et sans façons, sans intrigues et sans vanité? à quel plaisir avez-vous sacrifié les plaisirs de nos longues veillées?

### L'AMI.

Au plaisir de visiter notre belle patrie, mon cher docteur! J'étois dans le midi, et je parcourois avec enchantement les ruines magnifiques d'Orange, de Nîmes, de Saint-Remy, d'Arles surtout, qui m'est cher à un titre de plus, puisque vous y êtes né... Mais vous-même ?...

### LE DOCTEUR.

J'étois au nord : je cherchois vos traces sur le bord des lacs de l'Écosse, et je retrouvois votre nom gravé sur les rochers du Ben-Lomond et sur les vieilles murailles d'Holy-Rood. — Enfin Paris nous réunit encore une fois ; et vous dites sans doute comme moi :

Plus je vis l'étranger, plus j'aimai ma patrie.

### L'AMI.

Ce sentiment est un des derniers qui s'éteignent dans le cœur. Cependant, docteur, je vous l'avouerai avec franchise : soit qu'une révolution subite du monde physique ait changé l'ordre et les lois de la nature, soit que mes organes lassés ne me permettent plus de recevoir et de goûter de la même manière les perceptions qui les charmoient autrefois, je

suis poursuivi depuis mon retour de sensa-
tions importunes. Je ne reconnois plus Paris.

LE DOCTEUR.

Voyons, mon ami : cette modification dans
la faculté de sentir et de juger peut être un
sujet d'observation pour le physiologiste.

L'AMI.

Rassurez-vous, cher docteur : je ne suis pas
malade ; ce que j'éprouve se compose seulement d'une longue suite de légers malaises et
de petites inquiétudes que je n'ai pu parvenir jusqu'ici à rattacher à une cause commune. Vous allez vous en faire une idée
par les faits. Le lendemain de mon arrivée, je gagnai lentement, par le faubourg
Montmartre et le boulevard du Panorama, ce
petit cabinet littéraire auquel la fidélité de
l'habitude me ramène tous les matins, où je
parcours les journaux sans les lire, et que
je quitte, après un quart d'heure d'occupation
désœuvrée, aussi bien instruit que si je les
avais lus. Quel est mon étonnement, de trou-

ver les rues labourées de sillons profonds et
fétides, dont quelques parties sont à peine re-
couvertes de pavés inégaux, et au travers desquels l'esprit préoccupé de périls en périls,
n'a pas même le loisir de poursuivre une rime
ou de s'arrêter sur un hémistiche !

LE DOCTEUR ( *à demi-voix* ).

C'est le gaz hydrogène.

L'AMI.

Comme ce fâcheux désagrément se renou-
velle partout, je prends la secrète résolution
de borner mes promenades aux boulevards.
Vous savez combien j'ai toujours aimé cette
riante ceinture d'arbres, qui nous tient lieu,
jusqu'à un certain point, des *squares* de Londres, et qui prête à la sombre monotonie de
nos rues l'attrait séduisant de la verdure.
Concevez mon chagrin : l'automne n'étoit pas
commencé, et la plupart de nos grands ormes
étoient déjà dépouillés de leurs ombrages ! Que
dis-je ! ils ne s'en couronneront plus, et on

croiroit qu'une contagion mortelle a desséché leurs racines et flétri leurs rameaux.

#### LE DOCTEUR.

C'est le gaz hydrogène.

#### L'AMI.

L'heure du dîner arrive; elle est même un peu passée, et bien m'en a pris, quand j'arrive chez mon restaurateur ordinaire au Palais-Royal. Pendant que je jette les yeux sur la carte, une explosion épouvantable brise les lustres, les quinquets, les glaces, les boiseries, et jonche des débris des solives, des poutres et du plafond la salle, heureusement déjà vide, où j'allais choisir une place.

#### LE DOCTEUR.

C'est le gaz hydrogène.

#### L'AMI.

Après un dîner lestement improvisé chez Pestel, je prends le chemin de mon théâtre favori, par le passage Feydeau, où la Providence me préserve d'un nouveau danger. Je me dérobe, presque miraculeusement, à la

chute d'un corps de maçonnerie destiné à contenir je ne sais quel appareil.

LE DOCTEUR.

C'est le gaz hydrogène.

L'AMI.

Je ne fais qu'une courte station au café
pour prendre un verre d'eau sucrée, que je
porte à ma bouche avec une heureuse lenteur,
et dont l'évaporation d'un gaz délétère trahit
par hasard les propriétés homicides. Cette
eau, produit d'une source voisine, connue
par sa salubrité, avoit été corrompue par le
brisement accidentel d'un conduit qui voiture, je ne sais pour quel usage, un air mé-
phitique et empoisonné.

LE DOCTEUR.

C'est le gaz hydrogène.

L'AMI.

Enfin, je viens reprendre ma place d'habitude à l'entrée de l'orchestre des Variétés, et
oublier facilement, sans doute, les ennuyeuses
tribulations et, comme vous dites en Angle-

terre, les tristes *désappointements* de ce jour d'épreuves. Auteurs pleins d'esprit et de gaieté, actrices charmantes, acteurs parfaits, tout paroît propre dans ce théâtre à conjurer les soucis de l'esprit, et délasser les fatigues de la pensée : pourquoi faut-il qu'une chaleur lourde, intense, malsaine, qui n'est pas produite par la constitution atmosphérique de la saison, y rende l'air moins élastique et moins respirable qu'à l'ordinaire ?

### LE DOCTEUR.

C'est le gaz hydrogène.

### L'AMI.

Bientôt une irritation douloureuse me saisit à la gorge, et je suis obligé d'interrompre, en toussant, la roulade d'une jolie chanteuse, qui me répond sympathiquement par un accès de toux. Une odeur d'abord importune, et puis insupportable, se développe peu à peu ; et je me demande avec étonnement quel est l'agent funeste de ce phénomène pestilentiel, qui a transporté au milieu de Paris les exhalaisons des solfatares, le poison volatile des mofètes, et les vapeurs malfaisantes qui dépeuplent tous les ans le bord des marais.

### LE DOCTEUR.

C'est le gaz hydrogène.

### L'AMI.

Jusque là, une impression pénible, dont je ne me rendois pas compte, m'avoit empêché de lever les yeux. Je cherchois à les fixer sur ces loges où resplendissent une foule de femmes, belles à l'envi de traits et de parure, et que j'avois vues tant de fois éclipser toutes les clartés. Mes regards, jetés à l'étourdie sur un lustre inventé pour la prunelle des salamandres, se rabaissèrent éblouis sous mes paupières brûlées. Quant aux femmes, je ne les avois pas vues, et ce ne fut qu'avec de longues précautions que j'osai me hasarder à les chercher encore dans la lumière météorique dont elles étoient inondées, comme Sémélé dévorée de la foudre de Jupiter. Ici, je vous le jure, commence le plus triste de

mes regrets. Imaginez-vous tous ces jolis
visages, éclairés d'une manière égale, mono-
chrome et plate, comme de froides décou-
pures de papier blanc, sans saillies, sans
profils et sans couleurs, sur un plan maus-
sade qui ne fait pas même valoir par quelques ombres le relief élégant de leurs formes
et la gracieuse souplesse de leurs attitudes.
Quel infernal artifice a donc employé le dé-
mon pour enlaidir les femmes ?

LE DOCTEUR.

C'est le gaz hydrogène.

L'AMI.

Tout-à-coup, comme si l'appareil lumineux
avoit compris ma pensée, il s'abaisse et pâlit;
puis il verse des teintes livides et sulfurées
qui frappent de reflets hideux les figures les
plus ravissantes, et transforment toutes ces
grâces en sorcières et en lamies; puis il s'é-
teint, et laisse l'assemblée épouvantée dans
une obscurité profonde. Une main sur ma
montre et l'autre sur ma bourse, je m'évade

au milieu des cris de menace, au milieu des cris de terreur, en admirant l'instinct ingénieux de la police, qui a confié toutes les chances de la sécurité publique au caprice de je ne sais quelle lumière simultanée...

### LE DOCTEUR.

C'est le gaz hydrogène.

### L'AMI.

Enfin, je rentre assez tristement chez moi, en évitant avec soin les fosses putrides que l'on creuse partout sous mes pas, mais à demi consolé de l'ennui d'un jour pénible par la ferme résolution de partir de Paris le lendemain, si je puis parvenir à vendre, dans la journée, mon petit champ de colza de Franche-Comté, et ma petite maisonnette du faubourg Poissonnière. Quelle fatalité a voulu que toutes mes propriétés, dont la valeur étoit déjà presque indivisible, subissent, en si peu de jours, cinquante pour cent de rabais?

LE DOCTEUR.

C'est le gaz hydrogène.

L'AMI.

C'est le gaz hydrogène, dites-vous! En vérité, vous m'y faites penser; vous me rappelez qu'il a failli me *méphitiser* à *King's opera*, et me faire sauter à Dumfries. Mais par quel hasard cet agent funeste, dont toute la vogue étoit due, en Angleterre, à l'esprit national qui repousse nos produits, a-t-il trouvé des prôneurs en France?

LE DOCTEUR.

Comme toutes les innovations qu'on y reçoit sans examen, qu'on y néglige sans motifs, et qu'on y abandonne tout-à-fait quand elles ont perdu le mérite piquant d'être nouvelles.

L'AMI.

Celle-ci, docteur, est digne de votre colère. *Proximus ardet Ucalegon*. Écrivez, ou, si vous l'aimez mieux, écrivons.

LE DOCTEUR.

Dieu nous en garde! Nous qui vivons du

progrès des lumières, nous ranger parmi leurs ennemis !

L'AMI.

Ah, docteur, des calembourgs! et à propos d'un danger qui menace notre existence et nos plus chères affections! Des calembourgs, docteur! c'est porter l'apathie philosophique jusqu'au cynisme!

LE DOCTEUR.

Détrompez-vous. Les personnes qui nous accuseroient de haine pour les lumières prennent ce trope au pied de la lettre, et sont profondément convaincues que les développements de l'intelligence humaine sont en raison directe de l'intensité du foyer lumineux dont on est éclairé, de sorte qu'Isocrate est à Buffon comme la lampe est à la bougie...

L'AMI.

Et Buffon au souffleur de l'Odéon, comme la bougie au bec de gaz hydrogène?

LE DOCTEUR.

Précisément.

L'AMI.

Vous excédez les bornes de la plaisanterie.

LE DOCTEUR.

Je ne plaisante pas. Il est évident d'ailleurs qu'on ne peut se plaindre du *méphitisme* du gaz hydrogène que par esprit d'opposition pour les idées nouvelles...

L'AMI.

Mais les anciens l'appeloient le gaz *méphi-tique*...

LE DOCTEUR.

Et se défier de son *inflammabilité* qu'en haine de la révolution....

L'AMI.

Mais, avant la révolution, on l'appeloit le gaz *inflammable*...

LE DOCTEUR.

On vous dira que l'observation de ses pro-priétés lumineuses date d'une époque rappro-chée.

L'AMI.

Comme l'apparition du premier follet sur les bords du marécage, comme l'exhalaison du premier jet de flamme sur la houille en combustion.

LE DOCTEUR.

On nous accusera de redouter l'éclat du jour...

L'AMI.

J'ai regardé fixement plus d'un soleil dans son midi.

LE DOCTEUR.

De repousser toutes les théories, toutes les applications modernes de la science...

L'AMI.

Fourcroy m'appeloit son élève.

LE DOCTEUR.

De ne rien oser de nouveau ni dans les idées ni dans les formes...

L'AMI.

Ne sommes-nous pas *romantiques* ?

LE DOCTEUR.

D'être tellement arriérés sur le siècle, que nous n'avons d'accueil favorable à espérer que chez les morts.

L'AMI.

Tranquillisez-vous, docteur : les critiques
que vous redoutez sont trop adroits pour faire
ce compliment à un médecin.

LE DOCTEUR.

Enfin, qui nous défendra si l'on nous atta-
que?

L'AMI.

Les hommes vraiment éclairés, qui sauront
nous tenir compte d'une critique modérée,
impartiale, indulgente : les hommes vraiment
patriotes, qui préfèrent la France à l'Angleterre, l'industrie nationale à celle de l'étranger, la sécurité publique aux succès de quelques spéculateurs qu'on doit plaindre, qu'on
doit peut-être dédommager de la perte où les
ont entraînés les incroyables condescendances
d'une mauvaise police, mais dont l'intérêt ne
sauroit prévaloir sur l'intérêt général.

LE DOCTEUR.

Vous le voulez, je vais écrire.

### L'AMI.

Et moi, je vais tailler ma plume.

### LE DOCTEUR.

Encore un livre qui va périr sous la dent de Trilby, mon écureuil, avec ce *Traité des maladies de l'estomac* dont vous me promettiez le succès!

### L'AMI.

Vous n'espérez donc pas que celui-ci réussisse?

### LE DOCTEUR.

Le gaz, poursuivant sa carrière,
Verse des torrents de lumière
Sur ses obscurs blasphémateurs.

### L'AMI.

Alors nous rendrons à Vulcain ce qui appartient à Vulcain, et le feu fera justice de notre *Essai sur l'éclairage.*

### LE DOCTEUR.

*Fiat lux !*

———

# ESSAI CRITIQUE

## SUR

# LE GAZ HYDROGÈNE

### ET LES DIVERS MODES

### D'ÉCLAIRAGE ARTIFICIEL.

## CHAPITRE PREMIER.

### CONSIDÉRATIONS PRÉLIMINAIRES.

Les bienfaits de la nouvelle école de chimie fondée par Lavoisier sont déjà nombreux et se multiplient tous les jours. L'agriculture, l'industrie manufacturière, le commerce, les arts, s'enrichissent à l'envi de ses utiles découvertes. Son influence se fait reconnoître dans nos villages comme dans nos grandes cités, sur nos fleuves, sur nos routes, etc., etc.

I

Partout enfin l'homme social a acquis un plus vaste développement de ses forces par de nouveaux instruments; il ne lui reste peut-être plus qu'à ne pas s'exagérer sa puissance, à ne pas en abuser, à ne pas la tourner contre lui-même.

Aujourd'hui que la science n'est plus le patrimoine exclusif de quelques académies, que l'homme du monde doit non seulement parler de tout, mais savoir même un peu de tout, seroit-on excusable en France d'adopter une invention nouvelle par *néomanie* et sans examen? ne seroit-il pas permis de provoquer de salutaires investigations contre le charlatanisme et la cupidité, si habiles à exploiter le merveilleux quand l'agréable et l'utile sont épuisés? Dans la tâche que nous entreprenons, notre but est de réveiller les indifférents et d'exciter de justes défiances sur une des questions les plus importantes de l'économie et de l'hygiène publique. Nous sommes prêts à écouter sans humeur les arguments de nos adversaires; car c'est une discussion impartiale que nous sollicitons. Nous

ne saurions nous dissimuler, toutefois, que
nous devons nous attendre à quelques décla-
mations. Les sages ont aussi leurs préjugés,
et les chimistes, hommes d'analyse par excel-
lence, de savantes illusions, qu'ils n'aiment
pas plus à voir détruire, que les adeptes de
la vieille alchimie n'aimoient à renoncer au
beau rêve de la panacée universelle. « Pouvez-
vous bien, s'écrieront-ils, vous armer, contre
la science, des vaines terreurs de la populace
routinière, et prêter votre plume aux timides
préventions de l'ignorance contre toute in-
novation heureuse ? Pourquoi multiplier les
obstacles que rencontrent toujours les auteurs de tout perfectionnement ? Que de
théories aujourd'hui incontestées, et pour lesquelles il a fallu faire l'éducation d'une géné-
ration et d'un peuple ! Aristote eut pour lui
l'inquisition et les universités ; Galilée fut ac-
cusé d'athéisme ; et, de nos jours, les paraton-
nerres de Franklin ne se sont pas établis partout paisiblement [1]. »

[1] Le premier paratonnerre élevé à Arras inquiéta

Fasse le ciel que bientôt un nouveau Franklin ne soit pas nécessaire pour conjurer la foudre souterraine du gaz! Que demandons-nous d'ailleurs? Est-ce une proscription sans examen du nouveau mode d'éclairage? Non certainement; mais seulement une discussion libre sur ses avantages et ses inconvénients. Qu'on réponde à nos objections, qu'on rassure par des preuves évidentes ceux dont la sûreté personnelle et les propriétés nous semblent menacées; qu'on donne à une ville immense, qui en vaut bien la peine, une autre garantie que le zèle et la bonne foi d'un manipulateur dont nous sommes loin de suspecter les intentions, mais qui tient l'existence de six cent mille citoyens à la merci d'une erreur, d'une maladresse, d'un accès de folie ou de désespoir.

Plaidant pour les *anciennes lumières*, espé-

beaucoup le voisin de celui qui avoit osé, sur la parole de Franklin, porter un défi à la foudre. Un procès eut même lieu entre les deux voisins, procès remarquable surtout parcequ'un des avocats fut le trop célèbre Robespierre.

rant qu'elles ne seront pas, complètement du moins, bannies par les nouvelles, nous avons cru qu'il ne seroit pas inutile de tracer d'abord brièvement l'historique des divers modes d'éclairage artificiel dont on s'étoit servi jusqu'à ce jour.

Obligés d'employer quelques termes scientifiques quand les synonymes nous manqueront, nous tâcherons cependant d'être compris de tous. Combien de mystères de la chimie cesseroient d'être des mystères si tout le monde était initié à son langage ! Aussi, après l'exposition suivante de quelques théories sur des objets d'un usage familier, nous ne serions pas surpris que, parodiant le mot de Molière, plus d'un lecteur ne fût tenté de dire : Voilà longtemps que je faisois de la chimie sans le savoir, comme M. Jourdain faisoit de la prose.

# CHAPITRE II.

## DE LA FLAMME ET DE LA LUMIÈRE.

La lumière artificielle, c'est-à-dire celle qui n'émane pas directement des astres et des corps doués d'une lumière propre et persistante, est un des produits de la combustion d'un corps. On désigne sous le nom de *flamme* cette substance subtile, légère, lumineuse, ardente et diversement colorée, qui s'élève à la surface des corps en combustion, et qui provient de l'ignition des gaz inflammables dégagés de ces corps par l'action de la chaleur. Quand toutes les circonstances sont favorables à la combustion complète de ces fluides gazeux, la flamme est parfaite. Dans le cas contraire, une partie du corps combustible capable de fournir le gaz inflammable, passe non consumée à travers la flamme lumineuse, se manifeste sous l'aspect de la fumée, et forme la suie.

La lumière des corps brûlants avec flamme

étoit sans doute préalablement combinée, soit avec le corps combustible, soit avec la substance qui entretient la combustion. On sait que la lumière existe dans quelques corps comme partie constituante, puisqu'elle en est dégagée quand ils entrent dans de nouvelles combinaisons; mais on ne peut obtenir isolément la base avec laquelle elle étoit combinée.

S'il s'agissoit de prouver que le plus souvent la lumière produite par des moyens artificiels provient du corps combustible, on feroit observer que la couleur de la flamme varie, et que cette variation n'est généralement pas dépendante du milieu qui favorise la combustion, mais du corps combustible lui-même. Aussi la flamme la plus pure peut être colorée par le mélange de diverses substances. M. H. Davy a donné de l'éclat aux flammes pâles, en y projetant de l'oxide de zinc, ou en y plaçant un fil soit d'amiante, soit de platine.

La flamme d'une chandelle commune n'est pas d'une couleur uniforme. La partie la plus inférieure est toujours bleue ; et quand la flamme est suffisamment alongée pour être près de fumer, la pointe en est rougeâtre ou brune. Quant aux couleurs de la flamme qui s'échappe des houilles, du bois et d'autres combustibles usuels, leurs nuances viennent surtout d'un mélange plus ou moins abondant de vapeurs aqueuses, de fumée épaisse, ou d'autres produits incombustibles, passant, non consumés, à travers la flamme lumineuse.

L'alcool brûle avec une flamme bleuâtre, la flamme du soufre a presque la même teinte, la flamme du zinc est d'un blanc tirant sur le vert, celle de la plupart des préparations de cuivre brille d'un vert vif. L'esprit de vin, mêlé avec de l'hydrochlorate de soude (sel commun), jette des couleurs livides et bronzées sur les spectateurs. Si on agite dans un vase une cuillerée d'esprit de vin et une légère dose d'acide boracique ou de nitrate de cuivre, et qu'on y mette le feu, la flamme sera d'un beau vert. Si l'on y substitue du ni-trate de strontiane, on obtient un rouge écar-late. Mais tâchons de pénétrer les secrets de la science, et respectons ceux de l'Opéra.

# CHAPITRE III.

## THÉORIE DE L'ACTION DES BOUGIES ET DES LAMPES.

Le moyen d'éclairage le plus simple ou, si l'on veut, le plus grossier, est le résultat du dégagement de la flamme des corps combustibles dans l'état solide. Telle est la lumière du sauvage dans sa hutte, et celle du foyer dans nos appartements. De petits feux de bois résineux, et le fossile appelé *houille compacte* [1] par M. Haüy, remplissent le même but dans quelques contrées. Mais l'éclairage le plus général et le plus commode est celui par lequel une substance grasse, ou une huile,

---

[1] C'est le *Cannel-coal* des Anglais, que nous traduisons par *charbon-chandelle*. Cette houille, qui répand une odeur presque balsamique, est abondante dans le comté de Lancastre. Elle doit son nom vulgaire à la flamme brillante qu'elle produit en brûlant, et qui permet à ceux qui en font usage de travailler la nuit à la simple lueur du foyer.

du règne animal ou du règne végétal, sont
brûlées par le moyen d'une mèche.

La bougie et la chandelle sont composées
d'une substance qui n'est fusible qu'à une température très élevée, tandis que dans la lampe
la matière combustible doit être de la nature
de celles qui retiennent leur fluidité à la température ordinaire de l'atmosphère.

Toutes ces substances doivent être rendues
volatiles avant qu'elles puissent produire une
flamme ; mais il suffit d'en volatiliser une petite quantité successivement, pour se procurer
une lumière utile. « Et ici, dit M. Accum avec
l'enthousiasme du chimiste, admirons la simple et cependant la merveilleuse invention
d'une chandelle ou d'une lampe commune !
Ces corps, qui contiennent une considérable
quantité de matière combustible capable de
brûler pendant plusieurs heures, renferment
dans une place particulière un petit corps
étranger, spongieux, emprunté au règne végétal, qu'on appelle la mèche, et qui est réelle-
ment le foyer et le laboratoire où toute l'opération se passe.» Il est cruel que les mots vul-

gaires détruisent en partie la poésie de ce procédé merveilleux! Mais supposons un moment que le gaz hydrogène fût depuis des siècles le moyen d'éclairage adopté, et qu'on inventât la chandelle et la lampe : y auroit-il assez de voix pour louer l'ingénieux chimiste qui se seroit avisé d'une telle découverte?

Trois objets réclament notre attention dans la lampe : l'huile, la mèche, et l'air ambiant. Il est nécessaire que l'air soit promptement inflammable; l'office de la mèche consiste à porter l'huile, par l'attraction capillaire, jusqu'au lieu de la combustion; à mesure que l'huile est décomposée, d'autre huile succède, et de cette manière la flamme s'alimente et se maintient.

Lorsqu'on allume, pour la première fois, une bougie ou une chandelle, on donne à la mèche un degré de chaleur suffisant pour liquéfier d'abord et ensuite pour décomposer la couche de cire ou de suif qui entoure immédiatement la partie de la mèche au-dessous de celle qu'on laisse à découvert; c'est là que le gaz nouvellement produit est con-

verti, par son contact avec l'air, en une flamme
bleuâtre, qui, environnant presque aussitôt
tout le corps de la vapeur, lui communique
assez de calorique pour lui faire émettre une
clarté d'un jaune pâle. Le combustible liqué-
fié s'élève incessamment, au moyen des interstices capillaires de la mèche, jusqu'au sommet, pour y remplacer celui qui vient de s'y
consumer. Le coton, ou, pour parler chimi-
quement, les tubes capillaires réunis qui for-
ment la mèche, se noircissent, parcequ'ils sont
convertis en charbon ; circonstance commune
à toutes les substances végétales et animales ,
lorsqu'une partie du carbone et de l'hydrogène qui entrent dans les éléments dont elles
se composent étant soumis à une combustion ,
les autres parties fixes restent, par un moyen
quelconque, à l'abri de l'action de l'air. Ici
la substance brûlée doit sa protection à la
flamme environnante : car lorsque la mèche ,
par l'épuisement graduel du suif ou de la cire ,
devient trop longue pour se maintenir dans
une situation perpendiculaire, son extrémité
se projette en dehors du cône lumineux for-

mé par la flamme, s'embrase en s'exposant
à l'air, perd sa couleur noire, et se convertit
en cendres ; mais cette partie du combustible
que la chaleur de la flamme volatilise successivement, n'est pas entièrement consumée.
Tout ce qui n'a pu être mis en contact avec
l'oxigène de l'atmosphère s'échappe, sous la
forme de fumée, à travers le milieu de la
flamme ; d'où il résulte qu'avec une large mèche et une large flamme, cette déperdition de
matière combustible est proportionnellement
plus grande qu'avec une petite mèche et une
petite flamme. Ainsi, quand la mèche n'est
pas composée d'un très grand nombre de
brins, la flamme, quoique très mince, se continue et s'élève brillante et sans fumée ; tandis que, dans les lampes à larges mèches, la
fumée éclipse une grande partie de la flamme.
C'est ce qui est surtout sensible dans le lam-
pion dont on se sert pour nos illuminations
publiques.

Une bougie diffère d'une lampe dans une
circonstance essentielle : la cire ou le suif ne
sont liquéfiés que lorsqu'ils se rapprochent

beaucoup du foyer de la combustion; et ces fluides sont retenus dans le creux en forme de coupe qu'offre la partie encore concrète. La mèche, par conséquent, ne doit pas être trop mince ; car, ne pouvant entraîner la cire ou le suif aussi vite qu'ils sont rendus fusibles, elle les laisseroit déborder. Or, comme une bougie ne *coule* qu'à cause de la fusibilité du corps gras qui la compose, il est clair que plus la bougie sera fusible, plus la mèche devra être grande. C'est ainsi que la bougie de cire peut avoir une mèche plus mince que la chandelle commune.

La flamme d'une chandelle est naturellement jaunâtre et obscurcie de fumée, si ce n'est quand elle vient d'être mouchée. Quand on allume pour la première fois une chandelle à mèche mince, et que la mèche est tenue courte, sa flamme est parfaitement lumineuse, à moins que son diamètre ne soit très grand ; et, dans ce cas-là, il y a une partie opaque dans le milieu, où la combustion est empêchée, faute d'air. A mesure que la mèche s'alonge, l'intervalle entre son extrémité supérieure et le

sommet de la flamme diminue, et par conséquent le suif qui sort de cette extrémité, ayant
un moindre espace d'ignition à traverser, est
consumé moins complètement, et s'échappe
en partie sous la forme de fumée. La fumée
augmente, jusqu'à ce qu'enfin l'extrémité
supérieure de la mèche se projette au-delà
de la flamme, et composeun support pour
l'accumulation de suie produite par la combustion imparfaite. Elle conserve sa forme
jusqu'à ce que l'abaissement de la flamme
donne accès à l'air extérieur vers sa plus
haute extrémité : mais, dans ce cas, la combustion requise qui pourroit la moucher
ne s'effectue pas ; car la portion de suif
appelée par la longue mèche est non seulement trop considérable pour être brûlée,
mais encore elle absorbe beaucoup de calorique dans son passage à l'état élastique. Par
cette combustion diminuée, et l'amas d'une
huile à demi décomposée, une portion de
charbon ou de suie est déposée sur la partie
supérieure de la mèche, s'y accumule, et lui
donne enfin l'apparence d'un *fungus* dont le

disque se rembrunit vers son centre à la manière des champignons, parceque cette partie
intérieure est moins en rapport avec l'air par
lequel la combustion est favorisée. La chandelle ne produit plus que le dixième de la
clarté qu'on pourroit attendre de la combustion complète de ses matériaux; et cette combustion ne s'entretient qu'à force d'élaguer les
matières superflues qui en empêchoient le
développement.

Dans la bougie de cire, plus la mèche s'a-
longe, plus la lumière perd d'étendue. La
mèche cependant, étant mince et flexible,
n'occupe pas long-temps sa place au centre
de la flamme; même dans cette situation, elle
n'en élargit pas assez le diamètre pour défendre de l'accès de l'air sa partie interne.
Quand elle est trop grande pour garder une
position verticale, elle s'incline d'un côté; et
son extrémité, venant en contact avec l'air,
se change en cendres, à l'exception de cette
partie qui, protégée par la cire liquéfiée,
est volatilisée et complètement consumée
par la flamme environnante. On voit par là

que la fusibilité plus difficile de la cire
permet de brûler une grande quantité de
fluide par le moyen d'une petite mèche, et
que cette petite mèche, en se penchant, par
l'effet de sa flexibilité, se mouche elle-même,
et plus heureusement que ne le pourroit faire
un artifice mécanique.

On sait que la lumière d'une chandelle, ex-
cessivement brillante quand elle vient d'être
mouchée, perd bientôt la moitié de son éclat,
et peu à peu en perd les quatre cinquièmes,
jusqu'à ce que l'œil fatigué nous avertisse
de la moucher de nouveau. On a trouvé quelques procédés chimiques pour rendre le suif
moins fusible ; il seroit trop long de les expo-
ser ici : nous indiquerons seulement le moyen
tout-à-fait mécanique de M. Ezéchiel Walker,
qui eût été précieux pour alléger la peine
de certains modestes employés de la comé-
die, avant que nos théâtres fussent éclairés
par des quinquets.

Une chandelle commune, dont la mèche
est un tissu de quatorze fils de coton fin, placée de manière à former un angle de 30 degrés

avec la perpendiculaire, n'a pas besoin d'être
mouchée, dit M. Walker, et, ce qui est mieux
encore, elle donne une lumière à peu près
uniforme et sans fumée. Voici comment ces
effets sont produits : quand une chandelle
brûle dans une position inclinée, la plus
grande partie de la flamme s'élève perpendi-
culairement du côté supérieur de la mèche; et
quand on la regarde d'une certaine distance,
elle paroît sous la forme d'un triangle à angle
obtus. Comme la pointe de la mèche se projette au-delà de la flamme vers cet angle obtus, elle est réduite en cendres dès qu'elle
rencontre l'air; ce qui la rend incapable d'a-
gir comme conducteur pour enlever une partie de la matière combustible sous la forme
de fumée. Mouchée ainsi spontanément, cette
partie de la mèche sur laquelle agit la flamme
se maintient à la même longueur, et la flamme
elle-même conserve à peu près la même force
et la même dimension, surtout si le tissu du
coton est uniformément tordu. Par ce moyen,
la quantité de lumière fournie par la même
quantité de matière combustible se trouve

doublée. De plus, observons qu'une chandelle mouchée par un instrument donne une clarté vacillante, et qui fatigue l'œil quand on le fixe sur des objets placés dans son horizon lumineux. Mouchée spontanément, la chandelle donne une lumière si égale dans son éclat, que l'œil peut poursuivre tranquillement ses fonctions sans gêne et sans interruption.

Qu'on nous permette de citer ici, d'après M. Chevreul, deux jolies expériences de MM. Sym et Porret sur la flamme elle-même.

La flamme d'une bougie ou d'une chandelle est creuse intérieurement; la partie lumineuse est très mince; elle se compose de deux couches : la plus extérieure, à peine visible, est bleuâtre; la seconde, d'un éclat plus vif, est d'un blanc roux. La manière de se convaincre que la partie lumineuse n'est qu'une enveloppe très mince, est de couper horizontalement la flamme par une toile métallique froide et suffisamment serrée. Alors la partie de la flamme située au-dessus de la toile s'éteint, remplacée par une vapeur combustible. La partie inférieure conserve sa forme pre-

mière de coupe; et en regardant l'intérieur
de cette coupe au travers de la toile, on voit
que le bord est un anneau étroit et lumineux,
tandis que la cavité de la coupe, au milieu de
laquelle se trouve la mèche, est tout-à-fait
obscure. Si on approche un corps en ignition
de l'espace où s'élevoit la partie supérieure
de la flamme, on allumera la vapeur combustible qui sort au travers de la toile métallique,
et l'on reproduira la flamme semblable à ce
qu'elle étoit avant l'interposition de la toile.
Il y aura cependant cette différence, que la
partie supérieure ne sera pas contiguë à la
partie inférieure; il y aura même un espace
entre la toile et la partie lumineuse supérieure, qui permettra de voir que cette partie
creuse est obscure à l'intérieur et limitée extérieurement par une enveloppe lumineuse
dont l'épaisseur va en augmentant de la base
au sommet.

M. Porret pense que la couche extérieure
de la flamme d'une chandelle est la seule qui
brûle; qu'elle donne lieu à la manifestation
de la chaleur, et que c'est la couche intérieure

qui donne lieu surtout à la manifestation de
la lumière. Dans celle-ci, il y a un dépôt de
charbon qui est porté à l'incandescence. Ce
dépôt, formé par la chaleur de la couche extérieure, ne se produit que dans une très légère épaisseur : le centre obscur de la flamme
est occupé par des gaz et des vapeurs inflammables que la mèche laisse échapper. M. Porret a fait deux expériences pour prouver que
le dépôt du charbon se fait dans la seconde
couche, et non au centre de la flamme. Il a
pris un tube de verre de deux pouces de longueur, ouvert à ses deux extrémités, dont le
diamètre total étoit moindre que celui de la
flamme et le diamètre intérieur à peu près
égal à celui de la mèche. Il a placé ce tube
sur la mèche d'une chandelle qui venoit d'être
mouchée. Par l'orifice supérieur, est sorti un
gaz qu'il a enflammé; et ce qu'il y a de remarquable, c'est qu'au bout de quelques secondes
le tube n'étoit pas ou presque pas noirci intérieurement, tandis qu'il étoit recouvert à l'extérieur d'une couche de charbon. Si on répète
l'expérience avec un tube coudé à angle droit

dont la branche horizontale est fort longue ,
il y aura des vapeurs inflammables qui se con-
denseront en deux substances, dont l'une est
fusible à 100°, et l'autre à 32°.

La flamme d'une lampe présente des résul-
tats analogues aux précédents. La lampe ordinaire *à mèche plate* est appelée Lambertine,
du nom de Lambertin, son inventeur.

On sait que les lampes vulgairement appe-
lées quinquets furent imaginées par l'ingénieux Argand, dont elle portent aussi le nom.
Son but étoit de parvenir à la combustion
complète du carbone et de l'hydrogène des
éléments de la matière grasse, afin d'obtenir
une lumière plus pure et plus éclatante.

Dans ces lampes, une mèche circulaire est
placée dans l'intervalle de deux cylindres dont
l'un enveloppe l'autre, et cet intervalle communique avec un réservoir d'huile. Le cylindre inscrit étant creux et ouvert aux deux
extrémités, il s'établit deux courants d'air as-
cendant, dont l'un enveloppe extérieurement
la mèche allumée, et l'autre en touche la paroi
intérieure. Au moyen de cette disposition, le

corps combustible, mis en contact avec l'air atmosphérique par une plus grande surface que dans les lampes ordinaires, est dans des circonstances plus favorables à la combustion. Mais c'est au tuyau de verre qui enveloppe la mèche que la lampe doit ces grands avantages. Ce tube détermine, à l'intérieur comme à l'extérieur, des courants d'air suffisants pour consumer toutes les parties combustibles de l'huile, et complète les conditions nécessaires à sa parfaite combustion en concentrant tout le calorique produit par elle dans le foyer de la lampe.

Ce seroit trop nous écarter de l'objet principal de cet essai, que de parler de tous les perfectionnements des lampes, depuis Lambertin et Argand jusqu'à l'ingénieux Carcel.

# CHAPITRE IV.

## DE L'ÉCLAIRAGE DES RUES.

La consommation des substances oléagineuses a dû nécessairement devenir plus considérable depuis que les rues des grandes
villes sont éclairées chaque soir. C'étoit un
luxe inconnu aux anciens peuples. Quand les
Romains revenoient de leurs fêtes nocturnes,
leurs esclaves portoient devant eux des torches ou des lanternes. Les illuminations publiques dans les circonstances extraordinaires
sont de la plus haute antiquité. L'Égypte et
la Grèce les connoissoient. Rome, suivant Sué-
tone, fut illuminée à l'occasion de certains
jeux ordonnés par Caligula. Les Juifs illumi-
noient la ville sainte pendant huit jours pour
la fête de la dédicace du temple, et Constantin
fit illuminer Constantinople le jour de Pâ-
ques. Il seroit facile de multiplier les exem-
ples de cette tradition, que les Italiens sur-

tout conservent avec une religieuse fidélité. Ce n'est plus qu'au fond de quelques unes de nos provinces que l'on retrouve les *feux Saint-Jean*.

Il paroîtroit, d'après quelques passages des pères de l'église grecque, qu'Antioche étoit éclairée toute l'année dès le quatrième siècle, et Edesse en Syrie, dans le quatrième. Les réverbères étoient suspendus à une corde tendue d'une maison à l'autre, comme ils le sont encore à Paris dans les rues que n'a pas envahies le gaz hydrogène.

Paris lui-même ne fut éclairé qu'au commencement du seizième siècle : en 1524, une ordonnance de police enjoignit aux habitants des maisons dont la façade donnoit sur les rues d'y poser des chandelles en dehors, après neuf heures du soir, pour se préserver des voleurs et des incendiaires. En 1555, on plaça aux coins des rues de larges vases remplis de poix, de résine et d'autres combustibles. Ces vases s'appeloient falots, nom qui fut donné plus tard aux lanternes portatives. En 1662, un abbé italien, nommé Laudati, ob-

tint, pour vingt ans, le privilége exclusif de
louer des torches et des lanternes. Il fit construire, pour cette spéculation, des échoppes
dans tous les quartiers de Paris, où des valets
à ses gages attendoient les piétons et les gens
en voiture qui venoient louer un des *hommes-
lanternes* de l'abbé Laudati. Ce ne fut que
cinq ans plus tard qu'on établit le mode actuel
d'éclairage par les réverbères, de plus en plus
perfectionné, et adopté peu à peu par toutes
les villes de France.

En 1817, avant l'adoption du gaz hydrogène, les rues et places de Paris étoient éclairées par 10,500 becs de réverbères, établis
dans 4,521 lanternes ;

Les maisons administratives, par 320 becs
de réverbères, placés dans 73 lanternes ;

Les galeries du Palais-Royal, par 121 becs
de réverbères, placés dans 51 lanternes :

Ce qui donne 10,941 becs de lumière, dans
4,645 lanternes.

La dépense de cet éclairage se montoit à
646,123 f. 83 c.

Les habitants de Londres suspendoient en-

core, par ordre, des lanternes à leurs portes
en 17 ! 7; et quoique Londres comptât presque
autant de filoux dans ce siècle d'obscurité
que dans notre siècle de lumières, les amendes
contre ceux qui avoient négligé d'allumer
leur lanterne montoient à une somme considérable. On diroit, si l'on vouloit se servir de
cette mauvaise équivoque d'idées, que les
hommes ont si peu de dispositions à s'éclairer,
qu'ils ne le veulent pas dans leur propre intérêt. En 1744, les vols se multiplièrent tellement, qu'un acte du parlement organisa
l'éclairage complet des rues de Londres et de
Westminster. Ce n'est que depuis peu d'années, comme nous le verrons tout à l'heure,
que le gaz y a été substitué aux lanternes.
Quant aux filous, leur nombre n'est pas diminué.

La plupart des capitales de l'Europe n'adop-
tèrent les réverbères que vers la fin du dix-
septième siècle. Lisbonne n'en avoit pas encore, dit-on, en 1816, et Rome en avoit très
peu. Sixte-Quint avoit cependant déjà or-
donné l'éclairage de la grande cité, mais il

n'avoit guère obtenu qu'un plus grand nombre de lampes devant les images des saints[1]. C'est une chose à remarquer en passant, qu'un peuple fait pour sa croyance les sacrifices qu'il refuse à sa santé.

[1] Je me rappelle que jusqu'en 1812, dans ma ville natale (Arles), où les niches de la Vierge et des saints sont encore l'objet d'un culte pieux, tout l'éclairage de nos rues, assez étroites cependant, provenoit du cierge modeste de quelque âme chrétienne, indifférente à nos admirables perfectionnements. En bon citoyen, j'exprime ici le vœu que le progrès des *lumières* dans le Midi n'aille pas jusqu'à y appeler le gaz hydrogène; je déclare cependant que je ne suis pas propriétaire d'un seul plant d'oliviers.       A. P.

# CHAPITRE V.

## HISTOIRE NATURELLE ET CHIMIQUE DE LA HOUILLE.

Quoique la France puisse réclamer la découverte de l'application du gaz hydrogène à l'éclairage, cette application ayant été faite en grand en Angleterre depuis long-temps, et avec plus d'étendue, c'est dans ce pays qu'il est juste d'en étudier d'abord l'histoire. Il est juste d'ailleurs de faire comprendre que l'Angleterre est essentiellement intéressée, par la nature de son sol, à substituer le gaz aux substances oléagineuses; et si cependant, après nous l'avoir réimporté, et recommandé par son exemple, c'est elle qui nous donne l'éveil sur le danger, et nous fournit des arguments puissants contre l'usage de ce mode d'éclairage, tout ce que nous ajouterons de notre propre expérience n'en aura que plus de poids. D'après notre plan, nous devons entrer d'abord dans quelques considérations théoriques sur le combustible d'où le gaz est retiré le plus généralement.

Les différentes variétés de houilles ou charbons de terre sont des minéraux dont le caractère essentiel est de brûler, avec plus ou moins de facilité, en répandant une odeur plus ou moins bitumineuse, en donnant plus ou moins de flamme, avec plus ou moins de fumée et de chaleur.

La houille se trouve en couches, en amas, rarement en filons. Les terrains qui servent habituellement de gîtes aux couches ou aux amas de houilles s'appellent *terrains houillers*, et sont de deux espèces : les terrains houillers des grès et des schistes, et les terrains houillers du calcaire. On est à peu près d'accord pour attribuer une origine végétale à la houille, mais non pour expliquer le fait de sa formation ; il est certain du moins que les bancs schisteux qui recouvrent la houille renferment des empreintes de plantes, ou même des végétaux en nature. C'est notre Faujas qui a fait observer le premier que les parties ligneuses portant encore le caractère de l'organisation végétale sont changées en charbon parfaitement semblable aux couches de celui qu'elles recouvrent ; il prétend qu'après avoir distillé des houilles où l'aspect ligneux étoit absolument voilé par le bitume, le *coke* qui en résulte offre les traces évidentes des couches annuelles du bois *élémentaire*. On a contesté cette observation, et nous trouverions à placer ici un grand nombre d'hypothèses plus ou moins hasardées ; mais tout porte à croire que les houilles sont dues à des dépôts de matières végétales et animales décomposées, c'est-à-dire à certaines combinaisons des débris d'un monde organique dont le monde central ne cesse de s'envelopper. Nous nous dispenserons aussi d'indiquer les procédés employés pour la recherche et l'exploitation des charbons de terre, depuis la sonde métallurgique jusqu'à la baguette divinatoire, qui n'a pas perdu toutes ses vertus dans certaines provinces de l'Angleterre et de la France. Nous remarquons seulement en passant que les ouvriers qui exploitent ce bitume sont fréquemment exposés au danger de perdre la vie par les gaz malfaisants qui se dégagent de la masse même du charbon. Une espèce de *mofète*, nommée *tousse* ou *pousse* par les mineurs, et qui est produite par le gaz acide carbonique, éteint les lumières, suspend la respiration, asphyxie et tue. Mais la *mofète* du gaz acide carbonique n'est pas celle qui est le plus à redouter: il se développe aussi dans les houillères un gaz hydrogène carboné très délétère, mêlé à de moindres proportions d'azote et d'acide carbonique: c'est le *grisou*, que l'approche d'un corps enflammé fait détonner, et dont l'explosion est si terrible pour peu que le volume du gaz soit considérable. Le *grisou* s'échappe de la houille avec un léger bruissement ; quelquefois c'est avec une telle abondance qu'on peut adapter des tuyaux sur les *places* ou *souffleurs* dont il sort, et le conduire au jour dans des boyaux de cuir, à l'issue desquels il se présente en un jet visible qu'on peut allumer. Quelquefois de lui-même le *grisou* voltige sous la forme de bulles enveloppées de légères pellicules que l'on compare à des toiles d'araignées, et que les mineurs s'empressent d'écraser entre leurs mains avant qu'elles ne parviennent sur les lumières, où elles feraient explosion. Mais si le *grisou* s'accumule dans une partie des travaux où l'air est stagnant, et s'il parvient à y former plus d'un treizième de la masse, il devient susceptible de s'allumer à l'approche des lumières, et de produire des explosions qui bouleversent les travaux et coûtent la vie aux mineurs. Les mines de Newcastle et de White Haven, en Angleterre, sont très sujettes aux *grisous*. C'est ici qu'il est juste de mentionner un des plus beaux triomphes de la chimie moderne : M. Davy, comme inventeur de la lampe de sûreté, est devenu la providence des mineurs.

On ne se préservoit des effets terribles du gaz hydrogène dans les houillères qu'en y établissant un courant d'air qui entraînoit avec lui et noyoit dans sa masse les *mofètes* du *grisou;* mais ce moyen n'étoit praticable que dans les exploitations déjà avancées. On avoit imaginé de remplacer les lampes par une espèce

de meule d'acier, qui, par un frottement continuel contre des silex, produisoit une lueur
suffisante pour éclairer les travaux, mais qui
encore n'étoit pas complètement exempte
du danger d'allumer le gaz.

La lanterne de toile métallique de M. Davy
semble propre à prévenir tous les dangers :
elle permet de porter de la lumière au milieu
même de l'hydrogène carboné, sans crainte
d'explosion. M. Davy s'est fondé sur cette
propriété singulière découverte par lui, savoir, que les explosions du gaz inflammable
des houillères ne peuvent franchir les dia-
phragmes percés de trous dont le diamètre
n'est qu'égal à leur profondeur. Non seulement cette lanterne portative prévient les explosions, mais elle consume, en éclairant le
mineur, le gaz perfide dont il est entouré.
( *Voyez* le tome I<sup>er</sup> des *Annales des mines*.)

M. Davy a imaginé trois sortes de ces ingénieux appareils.

Le premier est une lampe à huile dont le
réservoir circulaire est placé dans le bas d'une
lanterne de fer-blanc garnie de quatre vitres :

l'air arrive à la mèche par plusieurs tubes métalliques, d'un huitième de pouce et d'un pouce et demi de hauteur. Deux cônes ouverts, à base commune percée de petites ouvertures, sont adaptés à l'extrémité supérieure de la lanterne.

Cette lampe avoit l'inconvénient de s'éteindre quand elle étoit agitée fortement. M. Davy en a construit une seconde semblable à la précédente, avec cette différence que l'air arrive à la mèche par des *canaux de sûreté*, au lieu d'y arriver par des tubes. Ces canaux, au nombre de trois, sont formés par des cylindres de divers diamètres, insérés l'un dans l'autre. La cheminée contient quatre canaux semblables, dont le plus petit a deux pouces de circonférence ; elle est surmontée d'un cylindre creux garni d'un chapiteau, dont l'usage est d'empêcher la poussière de pénétrer dans la cheminée.

Enfin, M. Davy a fait adopter une troisième lampe plus simple et plus sûre. C'est encore une lampe ordinaire, dont la partie supérieure sert de base à un cylindre creux de toile métallique, en laiton, épaisse d'un deux-centième de pouce, et dont les interstices ont un cent-vingtième de pouce. L'air circule plus librement dans cette lampe, grâce à la flexibilité de la toile métallique; elle est plus propre à résister aux chocs qu'elle peut rencontrer, et, ce qui ajoute à ses avantages, elle est plus portative que les deux précédentes. Tâchons maintenant d'en faire apprécier l'ingénieuse application. Aussitôt que l'hydrogène proto-carburé est mêlé à l'air dans une proportion suffisante pour le rendre détonnant, la lumière de la lampe jette soudain un éclat plus vif, et puis s'éteint. Ce phénomène avertit les mineurs de se retirer, parcequ'il est nécessaire de renouveler l'air de la galerie, qui dans cette proportion est encore respirable pendant quelques instants. Mais les voilà plongés dans une nuit profonde : comment M. Davy les guidera-t-il? M. Davy a observé que dans l'acte des combinaisons lentes des substances gazeuses, il se dégage une quantité de chaleur insuffisante pour rendre les gaz lumineux, mais capable de faire répandre une clarté rouge à un fil métallique. Or le magicien (car quel autre nom donner ici au chimiste?) dispose au-dessus de la mèche de sa lampe une petite cage de fils de platine, d'une épaisseur d'un soixante-dixième de pouce, ou une petite feuille de ce métal : à la combustion rapide et lumineuse succède alors une combustion lente, déterminée par la température que la flamme de la lampe communique au métal placé au-dessus d'elle, et qui le met en ignition. Tant que l'ignition a lieu, le mineur peut être assuré qu'il ne court pas le risque d'être asphyxié[1].

Quel agent que celui contre lequel il a fallu employer tant de précautions, quand il étoit inévitable! et quelle audace que celle qui l'appliqueroit, par une folle bravade ou une fausse économie, à des usages inutiles et pernicieux!

[1] Voyez, pour plus de développements, le *Journal des Mines* et l'article *flamme* du *Dictionnaire des sciences naturelles*.

# CHAPITRE VI.

L'ANGLETERRE EST-ELLE PLUS INTÉRESSÉE QUE LA
FRANCE A L'ÉCLAIRAGE PAR LE GAZ HYDROGÈNE ?

Il faut peut-être avoir parcouru, comme
nous l'avons fait, le nord de la Grande-Bretagne, pour oser prononcer que le charbon de
terre est la source principale de la prospérité
des trois royaumes. Retranchez-y ce produit
de l'industrie et du commerce ; vous trouve-
rez encore à admirer des contrées pittores-
ques, des châteaux de princes, d'élégantes fer-
mes et des terres bien cultivées ; partout où la
nature a permis de creuser un port commode,
partout où elle fait couler une rivière naviga-
ble, s'élèveroient encore des villes embellies
par le commerce et les arts : mais sans la houille
il n'y auroit plus de cités florissantes comme
Liverpool, Manchester, Birmingham, Newcastle, Leeds, Édimbourg, Glascow, etc., etc.

C'est à la houille que ces contrées doivent le mouvement continuel et presque incroyable de leurs canaux, de leurs lacs et de leurs fleuves, parcourus en tous sens par d'innombrables bateaux à vapeur. C'est la houille qui est le principe de vie de leurs manufactures et de tous les arts cultivés par ce peuple, aussi jaloux, malgré ses dédains affectés, des ornements de notre belle France que de la fécondité de son sol.

On peut dire que l'Angleterre renferme les plus grandes exploitations de houille qui existent en Europe. Elles y sont multipliées à l'infini, non seulement par la consommation intérieure des trois royaumes, mais encore par l'exportation considérable qui s'en fait journellement. Encore cent générations, et les mines de charbon de terre n'y seroient pas épuisées. Les seules mines de Newcastle-sur-la-Tyne, situées aux frontières de l'Écosse, emploient plus de soixante mille individus, et produisent annuellement trente à quarante millions de quintaux métriques de houille. On y trouve la réunion des moteurs les plus

puissants et des moyens de transports les plus
ingénieux et les plus économiques. L'expres-
sion la plus simple, dans le sommaire des travaux de ces immenses exploitations, pourroit
facilement passer pour une exagération poé-
tique. Nous renonçons à décrire les mer-
veilles d'une navigation souterraine et puis
extérieure, ces canaux et ces écluses doublées
en fer et construites dans l'intérieur même
des mines, ces pentes ménagées avec art, où
le frottement des chariots est rendu presque
nul par des rubans de fer fondu sur lesquels
ils roulent de leur propre impulsion pendant
plusieurs lieues. Faut-il s'étonner qu'avec ces
vastes moyens d'économie de temps et de bras,
l'Angleterre puisse livrer la houille à un taux
peu élevé à ses propres consommateurs, et
venir jusque dans nos ports vendre ce combustible, qui n'est pas de qualité supérieure
au nôtre, mais qu'elle peut donner à vil prix?
En 1817 cette importation fit sortir de France
neuf millions de numéraire, déduction faite
du droit d'entrée [1]. Cependant la France, fé-

' La houille paie de droit d'entrée un franc par

conde en toutes sortes de richesses, l'est aussi en houille : mais peu de mines sont exploitées en grand; et quand sa navigation intérieure sera plus étendue, ce produit ne sera pas des derniers à diminuer de prix, grâce à une plus grande facilité de transport. Il y a plus de quarante départements en France qui renferment des gîtes de corps combustibles appartenants à la houille proprement dite [1].

La consommation de la houille est donc encore assez bornée en France; mais elle pourroit s'étendre, sinon à la production du gaz hydrogène, du moins à l'usage des foyers, où elle offre plus d'économie, peu de dangers, et l'expérience d'un usage éprouvé. Ce combustible est d'autant plus important qu'il peut remplacer le bois partout, excepté pour la

quintal métrique sur navire français, un franc cinquante centimes sur navire étranger.

[1] Nous renvoyons le lecteur aux recherches de M. Cordier, inspecteur divisionnaire du corps des mines, qui a fixé le prix de la houille française dans les principaux lieux de consommation. A Paris, la houille coûte à peu près quatre francs le quintal métrique ( 204 liv. poids de marc ).

fabrication de la porcelaine dure. Nous serions sans doute heureux qu'on le substituât
plus généralement au bois; la cognée a fait
assez de ravages, et il seroit temps qu'on
commençât à respecter en France, comme
en Angleterre, nos antiques monuments et la
parure naturelle de nos forêts. Les véritables
agronomes savent que nous ne parlons pas
seulement ici au nom de la poésie des souve-
nirs.

# CHAPITRE VII.

## THÉORIE DE LA COMBUSTION DE LA HOUILLE ET DE LA FORMATION DU GAZ HYDROGÈNE.

Quand on brûle la houille, une flamme s'en dégage, dont quelques jets sont par moments d'un éclat remarquable. La chaleur extrait aussi du charbon une vapeur aqueuse chargée de plusieurs espèces de sels ammoniacs, un fluide visqueux semblable à la résine, et quelques gaz non combustibles. C'est ce mélange d'éléments divers qui rend la flamme de la houille tour à tour brillante et obscurcie par un nuage de sale fumée. La manière dont on opère la combustion influe sensiblement sur la nature et même sur la quantité de la cendre. La même houille qu'on fera brûler lentement dans un foyer donnera une cendre grise et rougeâtre, pulvérulente et sèche au toucher ; si un courant d'air établi par l'emploi bien entendu du *tisonnier*, ou par le jeu d'un soufflet, a activé la combustion, le résidu est une scorie dure, solide, vitrifiée, plus ou moins abondante, selon le plus ou moins de pureté de la houille.

Mais si, au lieu de brûler le charbon dans le foyer, on le soumet à la distillation, on recueille à peu près tous ses éléments isolés. La partie bitumineuse est liquéfiée sous forme de goudron; il se dégage en même temps une grande quantité de fluide aqueux mêlé d'une partie d'huile empyreumatique et d'ammoniaque. L'hydrogène carburé s'élève avec d'autres gaz non inflammables, et le résidu de cette distillation est une substance carbonacée, nommée *coke*, qui donne à l'analyse, sur cent parties, carbone 96,7, soufre 0,3, plus un dernier résidu terreux 3,0.

On isole des gaz non inflammables le gaz du charbon proprement dit, et on le fait passer en flots par de petits orifices, jusqu'à des réservoirs d'où de nouveaux tubes peuvent lui donner issue jusqu'aux lieux où l'on désire l'allumer. Il faut avouer que la découverte est assez ingénieuse. La question qui s'agite, c'est celle du danger du mode d'éclairage en Angleterre comme en France ; et en France il y a de plus la question, tout aussi peu résolue, de l'économie.

La première question fut présentée avec beaucoup d'adresse par les inventeurs.

« La flamme que produit la houille, disoient-ils, étoit inutile et perdue dans les foyers où l'on va chercher la chaleur et non la lumière, qui d'ailleurs ne sort du charbon qu'impure et à demi étouffée par de sales vapeurs. Nous nous emparons de l'élément qui produit cette flamme, que nous vous rendons claire et brillante ; et le résidu de notre opération est un combustible préférable à la houille vierge. Une flamme de gaz vous promet autant de clarté que trois bougies d'une flamme égale, ou, si vous aimez les comparaisons mathématiques, une flamme d'hydrogène est à une bougie ou à une lampe comme 3 est à 1. Les produits des deux combustions sont les mêmes que ceux de l'eau et du gaz acide carbonique : mais avec cette différence capitale, que vos chandelles et vos lampes surtout vous donnent une quantité de fumée et de suie, tandis que la combustion du gaz, qui est parfaite, ne laisse aucun résidu sensible, et peut être traversée par un tissu de la blancheur la plus délicate sans l'altérer par la moindre souillure. Ses effets sur l'air de vos appartements sont donc moins délétères que ceux de vos chandelles. L'ancien nom de *gaz inflammable* vous fait peur! vous demandez si vous n'aurez pas à craindre de terribles explosions, des tubes qui éclateroient, ou d'autres périls. Mais *avec les précautions* que nous prendrons et que vous prendrez, ce ne sont plus là que de vaines craintes. Rien de plus simple, rien de plus aisé que de gouverner cet élément, que les ennemis des lumières vous peignent comme indomptable. Un robinet suffit pour le contenir dans nos réservoirs. Il ne s'échappera en jets élégants de lumière qu'à votre signal. Une fois épuisé, sa flamme s'éteindra aussi paisiblement que celle de la lampe qui meurt faute d'huile. »

Telle est en effet la nature, telles sont les propriétés du gaz hydrogène, quand on l'étudie dans les limites d'un laboratoire chimique. L'éclairage *en miniature* de M. Lebon méritoit tout l'intérêt des curieux. Mais il arrive fréquemment que des théories parfaitement justes et ingénieuses en elles-mêmes, confirmées par de premières expériences, échouent à la pratique, qui en révèle tôt ou tard le vice ou le danger. Nous ne ferons qu'une objection dans ce chapitre, parceque c'est ici sa place, et que les autres viendront après l'histoire plus détaillée du nouvel éclairage. C'est M. Accum qui prétend que la flamme du gaz vaut trois fois celle d'une bougie ou d'une lampe à proportions égales : et comment le prouve-t-il ? En disant que cinq cents pouces cubes de gaz fournis par un seul bec, de manière à produire une flamme égale à celle d'une chandelle ordinaire, consument 1076 pouces cubes de gaz oxigène, pendant que la meilleure chandelle n'en absorbe que 279. Il est vrai que l'intensité d'une lumière artificielle dépend de la rapidité avec laquelle est absorbé l'oxigène : mais si M. Accum a raison, est-il bien prudent à M. Accum de

nous révéler que le gaz inflammable est si avide
de l'air vital ? Nous reviendrons ailleurs là-
dessus. Nous ne nous occupons encore spécialement que des phénomènes chimiques de
la nature et de la production de l'hydrogène.

Il est vrai que la théorie de la flamme du
gaz, proposé pour remplacer l'éclairage ordinaire, est analogue à celle de l'action d'une
lampe ou d'une bougie. La mèche de la bougie, entourée par la flamme, est dans la même
situation que la houille soumise à la distillation. L'office de la mèche, comme nous avons
vu, est surtout de porter la cire ou l'huile,
par l'attraction capillaire, au centre de la
combustion. A mesure que le corps gras ou
oléagineux est décomposé en gaz hydrogène,
il est consumé, et fait place à une autre quantité, qui éprouve la même décomposition.
De cette manière a lieu la présence continuelle
de l'aliment de la flamme.

Eh bien! dans le nouveau système, il s'agit,
par le moyen de fournaises et de réservoirs
suffisants, d'entretenir la quantité voulue du

même gaz qui compose la matière de la flamme
des lampes ou des bougies, et de le faire parvenir, par des canaux multipliés, jusqu'à l'o-
rifice des derniers tubes, à la sortie desquels
il est allumé. La seule différence, dit ingénument M. Accum, entre ce procédé et le procédé ordinaire, consiste à avoir la fournaise
dans la manufacture, au lieu de l'avoir dans
la mèche de la chandelle ou de la lampe; à
distiller la matière inflammable dans un vaste
réservoir, au lieu de la fixer dans l'huile, la
cire ou le suif; enfin, à transmettre le gaz à
toutes les distances désirées, et à l'enflammer
à l'orifice du tuyau conducteur, au lieu de
l'allumer au bout de la mèche; c'est-à-dire,
pour comparer aussi les petites choses aux
grandes, que peu importe à M. Accum de
mettre le feu à une fusée ou à un canon mal
fondu. Cependant si la carte de la fusée éclate
dans la main de M. Accum, il en sera quitte
pour un doigt brûlé; mais si c'est le bronze
qui crève, il sautera, et, malheureusement,
ses voisins sauteront avec lui.

# CHAPITRE VIII.

## PRÉCIS SUR LES APPLICATIONS DU GAZ A L'ÉCLAIRAGE EN ANGLETERRE.

Dans l'enthousiasme de ses premières expériences, M. Winsor, un des entrepreneurs
de l'éclairage nouveau à Londres, crut avoir
trouvé, à lui tout seul, et avant tous les chimistes du monde, le secret du gaz inflammable
des houilles. Cependant il n'étoit pas encore
question de son application économique en
Angleterre, qu'en janvier 1802, M. LEBON
avoit à Paris toute une maison éclairée par
l'hydrogène. Un *brevet d'invention* lui fut même
accordé à cette époque par le gouvernement;
et si nous étions jamais convaincus que l'exploitation du gaz est d'une utilité générale,
nous ne craindrions pas de répéter, avec les
héritiers de M. Lebon, qu'il est assez peu
national de souffrir que des étrangers aient
en France tous les profits d'une découverte

française. Cependant il faut convenir que c'est de l'autre côté de la Manche que le nouveau mode d'éclairage a été d'abord essayé en grand : le titre de M. Winsor est là ; mais la chimie anglaise a aussi ses petites réclamations à faire contre lui. Dans les *Transactions philosophiques* de la Société royale, tome XLI, année 1739, un extrait de quelques expériences faites par le docteur James Clayton constate que la nature inflammable du gaz hydrogène carburé des houilles étoit déjà connue. Le docteur Clayton, ayant distillé du charbon de Newcastle, obtint, pour produit de son opération, un fluide aqueux, une huile empyreumatique, et un gaz inflammable. Il l'enferma dans des vessies qu'il piquoit pour en tirer des jets de lumière. De là au mode actuel d'éclairage, il n'y a qu'un pas; et si on ne l'a pas fait alors, c'est qu'on en connoissoit les dangers.

Plusieurs années auparavant, le docteur Hale, dans ses expériences sur les végétaux, ayant soumis la houille à l'analyse chimique, avoit trouvé que, pendant l'ignition de ce fossile, à peu près un tiers de sa substance se volatilisoit sous la forme d'une vapeur inflammable.

En 1767, l'évêque de Llandaff, le fameux Watson, examina la nature de la vapeur et des produits gazeux qui s'élevoient pendant la distillation du charbon de terre. Ce savant professeur observa que ce produit volatil étoit non seulement inflammable à la sortie de l'alambic, mais qu'il conservoit encore la propriété de s'enflammer après avoir passé à travers de l'eau et franchi des tubes recourbés. Les éléments solides qu'obtint ce prélat-chimiste furent un fluide ammoniaque, une huile visqueuse, semblable à la poix, et un charbon spongieux, appelé le *coke.*

M. Winsor, qui n'est, dit-on, du reste ni Anglais ni Français, n'auroit pas même découvert le premier en Angleterre l'application du gaz hydrogène à l'éclairage, d'après ce que nous lisons dans le premier volume de la Chimie de Thomson.

Voici ce qu'a publié au sujet de cette découverte le docteur W. Henry de Manchester :

« Dans le cours de l'année 1792, M. Murdoch, qui habitoit alors Redruth dans le pays de Cornouailles, commença une série d'expériences sur la quantité et la qualité des gaz contenus dans diverses substances. Il remarqua que le gaz obtenu par la distillation de la houille, de la tourbe, du bois, et autres matières inflammables, brûloit avec un éclat des plus vifs ; et il imagina qu'en le conduisant isolé dans des tubes il pourroit l'employer pour suppléer aux lampes et aux bougies. La distillation eut lieu dans des *retortes* de fer, et le gaz fut conduit par des tuyaux de fer-blanc et de cuivre à la distance de soixante-dix pieds. A cette distance, et sur divers points intermédiaires, le gaz fut allumé à l'issue de plusieurs ouvertures de différents diamètres et de différentes formes, variées à dessein, pour connoître la plus favorable au but proposé. De l'une, le gaz sortoit à travers une quantité de petits trous semblables à ceux d'un arrosoir : d'une autre, il s'échappoit entre deux feuilles longues ; une troisième issue étoit circulaire d'après les principes de la lampe d'Argand. Des sacs de peau et de soie vernie, des vessies et des vases de fer-blanc, furent remplis de gaz que M. Murdoch allumoit et portoit de chambre en chambre, pour savoir jusqu'à quel point ce nouveau mode d'éclairage pourroit être portatif. Il étudia aussi la quantité et la qualité du gaz que produisoit chaque espèce de houille.

» Les grandes affaires de M. Murdoch l'empêchèrent de poursuivre plus loin ses expériences à cette époque; mais il profita d'un autre temps de loisir, en 1797, pour les répéter à Cumnock, dans le comté d'Ayr. En 1798, il construisit un appareil à la fonderie de Soho, qui servit pendant plusieurs nuits à l'éclairage de l'établissement. M. Murdoch s'occupa aussi de divers essais sur le moyen de laver et purifier le gaz.»

Ce fut en 1803 et en 1804 que M. Winsor fit au *lyceum* de Londres des expériences publiques sur le nouvel éclairage, dont il se dit l'inventeur, et faisant même un secret de l'appareil par lequel il se procuroit le gaz et le purifioit. Grande polémique entre M. Mur-

doch et M. Winsor! Celui-ci servit fort mal
sa cause par des écrits en fort mauvais style,
et le bon M. Accum lui fait le reproche de n'a-
voir pas su modérer son enthousiasme pour
le gaz. « La découverte méritoit, dit-il, d'être
introduite sous les auspices d'un grand nom
en chimie. L'ardeur inconsidérée de M. Winsor appeloit le ridicule et la défiance, et donnoit des armes à l'incrédulité. »

Cet enthousiasme, cette ardeur inconsidérée, ressemblent malheureusement au charlatanisme, quand des erreurs volontaires servent de base aux calculs qu'on jette à la
tête du public pour l'éblouir. Voici comment
le rédacteur de la *Revue d'Écosse* parle de
M. Winsor. Nous traduisons, mais nous nous
permettons de rapprocher certains passages
disséminés dans le cours de l'article.

« Lors de notre dernière excursion à la métropole (1809), notre attention fut amusée
par un spectacle nouveau et singulier. Tout le
quartier de Pall-mall, depuis Saint-James jusqu'à Cockspur street, étoit éclairé par des réverbères garnis de gaz, au lieu de coton et

d'huile, et jetant une brillante clarté. On nous
apprit que l'entrepreneur de ce nouvel éclairage étoit un M. Winsor agissant sous les auspices d'un comité de souscripteurs, et que ce
n'étoit encore là qu'une grande expérience
pour convaincre le parlement et le public
de l'importance du procédé proposé.

» M. Winsor sollicite un privilége exclusif;
nous ne serions pas étonnés que le gouvernement le lui accordât; car, s'il prévoit que le
nouveau mode d'éclairage peut rendre moins
productives les taxes mises sur les matières
qui servoient précédemment à fabriquer la
chandelle et la bougie ou à entretenir les lampes, il se hâtera de protéger le monopole du
gaz pour avoir sa part des profits. Mais c'est
le titre de M. Winsor qui ne nous semble pas
très bien établi; nous l'avons cherché dans ses
factums, et nous y avons trouvé tant d'ignorance, de charlatanisme, de folie, et de faux
calculs [1], que nous avons eu à peine la pa-
tience de les lire jusqu'au bout.

---

[1] *Such*, ignorance; *quackery*, extravagance; *false
calculation*, etc., etc.

» Rien n'égale l'extravagance de ses tableaux de comparaisons, où il promet à l'Angleterre un profit annuel de 115 millions sterling. Cependant, par un singulier effort de modération, il réduit le bénéfice de ses souscripteurs à la *certitude absolue* de 600 livres sterling pour 5 livres; mais il évite prudemment de détailler la dépense de l'appareil, ou de coter comme un *item* du côté du débiteur l'intérêt du capital mort, qui, dans le mémoire plus raisonnable de M. Murdoch, excède la dépense annuelle, à raison de 11 livres pour 1. Aurons-nous besoin de faire remarquer combien cette petite ruse doit rendre fausses toutes ses conclusions, quand même il ne nous auroit pas prévenu lui-même par une *deductio ab absurdum?*

» Le comité composé, comme le rapport le démontre, de gens de bon sens, mais non de savants, atténue lui-même la valeur des expériences, lorsque, dans un mémoire adressé au roi, il ajoute ingénument:

« Les signataires du mémoire ne se croient
» pas encore assez forts d'expérience pour

» calculer avec précision les dépenses de l'ap-
» pareil, des réservoirs, des tubes, etc., etc.[1] »

Voilà donc un des principaux instigateurs
du nouvel éclairage convaincu de charlatanisme et de mauvaise foi en Angleterre même,
où le charlatanisme fait encore plus facilement fortune que chez nous; ce que nous remarquons encore une fois dans la seule intention d'exciter cette salutaire défiance, gage
d'un jugement impartial.

Nous n'en continuerons pas moins de tracer
l'historique d'une découverte qu'il importe
de connoître dans ses avantages comme dans
ses inconvénients. Il y auroit partialité à citer
les hyperboles de M. Winsor. Si Londres est
aujourd'hui entièrement éclairée par le gaz,
c'est à des promesses plus modestes qu'on
s'est rendu; et, il faut le dire, ces promesses
n'étoient pas trompeuses pour l'Angleterre,
du côté de l'économie. Voici un extrait du
mémoire de M. Murdoch :

Toutes les salles de la manufacture de

---

[1] Ed. Rev., v. XIII.

coton de M. Lec à Manchester sont éclairées par le gaz hydrogène. La quantité totale de lumière produite pendant un temps donné a été jugée, par la comparaison des ombres, égale à la lumière que fourniroient 2500 chandelles de 6 à la livre.

Les becs sont de deux sortes : ceux de la première ont été imaginés d'après le principe de la lampe d'Argand, à laquelle ils ressemblent; ceux de la seconde sont de petits tubes terminés en cônes avec trois orifices d'un trentième de pouce de diamètre, dont l'un à la pointe du cône, et les deux autres percés latéralement, livrent passage à trois jets de flamme divergents, assez semblables à une fleur de lis. L'établissement contient 271 becs de la première sorte et 653 de la seconde, remplaçant 2500 chandelles, et consumant par heure 1250 pieds cubes de gaz tiré du *cannel coal*[1].

Voici le tableau des dépenses d'une année:

[1] Charbon-chandelle : c'est, avons-nous dit, la houille compacte.

110 tonneaux de houilles compactes. .   125 liv. st.

40 *id.* de houille plus commune. . .   20

_____

145

Déduction de la valeur de 70 tonnes de

coke. . . . . . . . . . . . . . . . .   95

_____

Reste. . . . . . . . . . . . . . . . .   52

Intérêt du capital mort de l'appareil. .   550

_____

Dépense totale. . . . . . . . . . . . .   602 liv. st.

La dépense des chandelles montoit à 2000 livres.

Chaque chandelle consumant les quatre dixièmes d'une once de suif par heure, les 2500 chandelles allumées deux heures par jour, et coûtant un schelling la livre, montoient à environ 2000 liv.

Bientôt M. Ackerman, à Londres, éclaira ses magasins au gaz, et publia une lettre pour certifier qu'il y trouvoit un bénéfice de 119 l. Les manufacturiers de Birmengham imitèrent ceux de Westminster, et tous les grands établissements de la Grande-Bretagne sont de-

puis quinze ans éclairés par le nouveau procédé. Nous renvoyons le lecteur aux rapports
de sir William Congreve, qui servent de com-
plément à ce précis.

———

# CHAPITRE IX.

DE L'EXTRACTION DU GAZ HYDROGÈNE DES DIVERSES SUBSTANCES QUI LE CONTIENNENT, ET REMARQUES GÉNÉRALES SUR SA COMPOSITION CHIMIQUE.

Quand la chaleur à laquelle on expose la houille a atteint un certain degré d'intensité, une partie du carbone se mêle avec une partie de l'oxigène et produit l'acide carbonique, qui, par le moyen du calorique, passe à l'état gazeux et forme le gaz acide carbonique ; en même temps une partie de l'hydrogène de la houille se combine avec une autre partie de carbone et de calorique, pour former le gaz hydrogène carboné, qui varie beaucoup dans ses éléments, selon les circonstances sous lesquelles il est produit ; une certaine quantité de *gaz oléfiant*, d'oxide de carbone, d'hydrogène, et d'hydrogène sulfureux, résulte aussi de l'opération, suivant la qualité du gaz employé.

La houille n'est pas la seule substance qui donne l'hydrogène.

Les feux naturels, les fontaines inflammables, et les terrains ardents, qui ont prêté tant de sujets de contes aux voyageurs, sont dus à des dégagements continuels de cette combinaison gazeuse.

Dans les *salses* ou volcans d'air, c'est encore le gaz hydrogène qui joue le principal rôle.

On le voit aussi émaner spontanément de la surface des eaux stagnantes et des marécages; quelquefois il vous surprend soudain par ses jets pestilentiels, lorsque, cherchant votre route à travers un terrain humide, vous agitez avec votre bâton la croûte trompeuse de la fange. C'est encore lui qui, pendant la nuit, promène au loin sa flamme bleuâtre, et attire le pâtre abusé par la vaine apparence d'une clarté hospitalière. On sait tout ce que la superstition a ajouté à l'histoire du *feu follet*. Ce lutin vagabond, saisi enfin par le chimiste, s'est vu métamorphosé dans son alambic en hydrogène carburé mêlé d'azote.

Le gaz est aussi produit en abondance par toutes sortes de matières végétales soumises à un degré de chaleur suffisant pour les décomposer; dans des vaisseaux fermés, elles en rendent beaucoup plus que lorsqu'on les brûle en plein air. Si du charbon de bois humide est enfermé dans une retorte de terre qu'on chauffe jusqu'à l'ignition, un gaz en émanera, composé d'un mélange d'acide carbonique et d'hydrogène carboné. Un gaz analogue est obtenu en faisant passer de l'eau à travers un tube rempli de charbon de bois ardent; et enfin par la distillation des huiles, des os, de la cire, de la graisse, et presque de toutes les substances animales ou végétales. C'est ce qui a fait dire à un grave personnage qu'on emploieroit les plantes oléagineuses qui font la richesse de plusieurs provinces à la *fabrication* du gaz. On voit qu'il auroit pu, sans se compromettre, offrir la même consolation aux fabricants de chandelles de Nancy et de bougies du Mans. Le succès de cette excellente plaisanterie a été ce qu'il devoit être dans une assemblée où le hasard a voulu que personne ne connût l'alphabet de la chimie. Le système représentatif ne peut pas tout représenter.

La nature du gaz que produit la houille varie suivant les conditions du procédé. La première portion est toujours plus pesante que la dernière, quoique toujours moins pesante que l'air, et tient en solution un peu d'huile; car après être restée quelque temps sur l'eau, elle devient plus légère, et a besoin de moins d'oxigène pour en être saturée : l'huile que le gaz tenoit suspendue s'est peu à près précipitée.

Le degré de la température employée pour la distillation influe aussi beaucoup sur la quantité et la qualité du gaz obtenu. Si l'huile empyreumatique reste en contact avec les parois latérales des retortes chauffées jusqu'à l'incandescence, ou passe le long d'un cylindre de fer ou autre vaisseau chauffé au même degré, une quantité de cette substance se décompose en gaz hydrogène mêlé de gaz oléfiant, et par conséquent une plus grande proportion de gaz est acquise.

Si la houille a été distillée à un feu trop lent, le gaz produira une foible lumière ; si le feu est augmenté jusqu'à rougir l'appareil distillatoire, la lumière sera d'une couleur plus brillante ; à un degré au-dessus, la flamme sera plus blanche ; et si le métal de la retorte est chauffé jusqu'à l'incandescence et près de fondre, le gaz ne brûlera plus qu'avec une lueur plus terne et bleuâtre. Si la houille abonde en pyrites ou en sulfure de fer, comme il arrive quelquefois au charbon de Newcastle-sur-la-Tyne, une grande quantité d'hydrogène sulfuré s'engendre, qui rend le gaz allumé d'une couleur plus éclatante, mais qui a le désagrément de répandre une odeur intolérable.

L'éclat de la flamme est aussi bien diminué quand le gaz a long-temps séjourné sur l'eau, principal agent de l'épuration du gaz. L'eau sur laquelle il a été enfermé dans le gazomètre absorbe un vingt-septième de son poids.

Si le gaz hydrogène carboné se mêle à une quantité suffisante d'oxigène ou d'air commun, et s'enflamme par l'étincelle électrique, ou de toute autre manière, une explosion a lieu, plus ou moins violente, selon la quantité de carbone condensé dans l'hydro-carbonate. A cette propriété du gaz, commence la liste des périls auxquels il expose; mais amusons-nous encore quelque temps du beau côté du nouveau mode d'éclairage, et suivons l'hydrogène du réservoir dans les canaux souterrains qui le portent jusque dans nos maisons.

5.

# CHAPITRE X.

### TRAJET DU GAZ DEPUIS LE RÉSERVOIR JUSQU'AU BEC D'ÉCLAIRAGE.

La description d'une machine qu'on n'a pas sous les yeux est rarement parfaite. Nous nous contenterons de répéter ici qu'aux retortes ou larges cylindres dans lesquels la houille est distillée, on adapte des tuyaux de fer qui se terminent à un ou plusieurs vaisseaux destinés à purifier et à recueillir le gaz [1]. Du gazomètre partent d'autres tubes subdivisés en tubes plus petits, jusqu'à ce qu'ils aboutissent à un bec de forme variée. Là où se terminent les dernières ramifications des tubes, le gaz est arrêté par une valvule ou robinet que vous tournez quand vous voulez appeler le fluide inflammable. Il monte de lui-même par sa légèreté spécifique, et s'épanche en un

[1] Les rapports de la Société royale nous dispensent d'ailleurs de plus amples détails.

cours égal. Invisible jusqu'à ce que vous approchiez la lumière, aucun bruit n'annonce sa présence, aucun nuage ne trouble l'atmosphère, mais il s'élance sur votre flambeau, et soudain se manifeste par une flamme brillante et paisible. L'agitation de l'atmosphère environnante ne la fait vaciller que là où elle s'échappe en grandes masses.

Un de ses grands avantages, c'est qu'elle peut être dirigée à peu près dans tous les sens. Elle n'est pas réduite, comme les autres lumières artificielles, à être soutenue par un pivot inférieur, dont l'ombre se projette souvent sur l'objet même pour lequel nous voulons emprunter leur secours.

La force et la forme de la flamme du gaz peut être réglée par le moyen du robinet, soit qu'on veuille inonder l'appartement de ses clartés, soit qu'on préfère la réduire à la douce lueur d'un crépuscule. De même, la forme du bec peut la diviser en jets de feux éblouissants, ou nous éclairer, d'après le procédé d'Argand, avec un double courant d'air. Elle seroit aussi parfaitement adaptée aux phares et aux signaux; on pourroit en composer un brillant langage télégraphique pour la nuit.

Enfin, elle seroit inappréciable dans les zones glaciales, car elle peut répandre assez de chaleur pour échauffer un appartement sans autre feu. Par exemple, faites sortir le gaz par un bord circulaire de dix-huit pouces de diamètre; il formera une espèce de lampe d'Argand, qui, avec une flamme de trois pieds de circonférence, chauffera l'air rapidement et uniformément. Il faudroit seulement pourvoir à l'entretien d'un courant d'air, sous peine d'être asphyxié. C'est ce que M. Accum dissimule, quand il nous dit que trois quinquets, consumant cinq pieds cubes de gaz par heure, suffisent pour maintenir un appartement de dix pieds carrés à une température de cinquante-cinq degrés du thermomètre de Fahrenheit, pendant que l'air extérieur est à la température de la glace. Il n'ose pas non plus proposer ce moyen pour suppléer aux poêles des serres; mais, dit-il, partout où une chaleur modérée est nécessaire, la flamme du gaz sera trouvée avantageuse. Aucun combustible ne peut être gouverné comme elle. En effet, on sait que, lorsqu'on accorde trop peu d'air au bois à brûler, par exemple, il ne produit point de flamme, mais une vapeur de suie; et si trop d'air est appelé pour convertir cette sale vapeur en flamme, la chaleur devient trop violente. Il est de fait qu'une flamme trop abondante, à laquelle on combine un courant d'air rapide par le soufflet, par exemple, produit une chaleur très intense ; mais il nous semble qu'il est des soufflets de toutes les dimensions, et plus ou moins forts, depuis celui de la forge jusqu'à son diminutif élégant qui orne la cheminée de nos salons.

# CHAPITRE XI.

## OBJECTIONS GÉNÉRALES CONTRE L'ÉCLAIRAGE PAR LE GAZ HYDROGÈNE.

Le nouveau mode d'éclairage compromet l'industrie d'une classe nombreuse. Il ne sauroit abolir entièrement l'usage des lampes et des bougies; mais c'est en suspendant l'exploitation d'une branche de commerce ou de culture qu'on ruine ceux qui ne savent pas encore s'ils doivent l'abandonner entièrement. Les départements du nord auront peine à renoncer à leurs colsas, et ceux du midi à leurs oliviers. Aussi remarquons-nous que, pour populariser le gaz en Angleterre, les chimistes ont fait valoir le rabais dont ce nouveau mode frapperoit notre commerce et nos importations d'huiles et de suif. C'est ce que répète plus d'une fois M. Accum, en nous appelant ironiquement ses amis, et en nous plaignant avec affectation du dommage immense que nous devions en ressentir. On voit que c'est véritablement en *amis* que nous avons servi les intentions de M. Accum; et les Anglais ne sauroient nous accuser de mauvaise volonté[1].

Pour les départements où les houillères offrent une exploitation facile et abondante, il seroit heureux que l'éclairage par le gaz devînt général. A part les dangers qu'il nous reste à signaler, le résidu de la distillation de la houille, le coke, est préférable peut-être à la houille elle-même pour brûler. Le coke sort de la retorte plus léger de poids, quoique sous un plus gros volume. La chaleur qu'il communique est plus égale, plus intense, et plus durable. Privé de flamme, il a quelque chose de triste peut-être dans sa combustion; et les Anglais, grands *tisonneurs*, et pour qui l'exercice du *poker*[2] est presque un préservatif contre le spleen, se plaignent que le coke en rend l'usage à peu près nul.

[1] Voici les termes de M. Accum : *The consequence of lighting our streets with gas can prove injurious only to our continental friends*, etc.

[2] C'est le tisonnier.

Il est un inconvénient plus réel de la combustion du coke, c'est qu'il laisse beaucoup plus de cendres que la houille, le charbon, ou le bois. Ses cendres sont aussi beaucoup plus pesantes et plus susceptibles d'obstruer le libre passage de l'air dans le foyer. L'intensité de la chaleur que donne le coke les dispose aussi à se fondre et à se vitrifier en une substance tenace qui forme une croûte épaisse sur la grille et les parois des fourneaux. Parlons des inconvénients plus directs de l'éclairage lui-même.

Les produits de la combustion du gaz, avons-nous déjà dit, sont le gaz acide carbonique et une vapeur aqueuse. On sait que l'acide carbonique est un des gaz qui produisent le plus promptement l'asphyxie. On nous dira que la flamme d'une bougie ou d'une lampe produit également ce gaz ; mais nous avons recueilli ci-dessus une remarque de M. Accum, qui retrouve ici sa place : « Cinq cents pouces » cubes de gaz hydrogène, fournis par un bec » de manière à produire une flamme égale à » celle d'une chandelle ordinaire, consume

» mille soixante-seize pouces cubes d'*air vital*,
» pendant que la chandelle n'en absorbe que
» deux cent soixante-dix-neuf. »

Bien plus, si par malheur la distillation du
gaz est mal faite, si le gaz hydrogène carboné
n'est pas dépouillé de la partie d'hydrogène
sulfureux qu'il contient toujours, au lieu de
jeter une lumière paisible, uniforme et inodore, il se répand en étincelles, et produit,
par l'effet du mélange de l'oxigène de l'air
avec le soufre dissous dans le gaz, un acide
sulfureux dont les exhalaisons fétides remplissent tout l'appartement. Un semblable gaz
ternit tous les métaux; il décolore les tableaux
dans lesquels il entre des oxides métalliques;
enfin, il cause l'asphyxie.

La flamme pure du gaz est presque inodore,
il est vrai; mais le gaz hydrogène lui-même
est fétide, comme on s'en est aperçu dans
nos salles de spectacle, car il en échappe toujours une partie à la combustion. A Londres
même, où cet éclairage doit être infiniment
perfectionné, nous attestons qu'il n'est pas de
théâtre où nous n'ayons été poursuivis par ces

odieux miasmes, capables de détruire l'illusion de la représentation la plus attachante.

On vante la brillante clarté du gaz hydrogène; elle ne jette il est vrai qu'un éclat trop vif. Nous en appelons à nos acteurs, qui ont été obligés de réclamer contre la lumière de la rampe, tant elle leur fatiguoit les yeux : les quinquets de la rampe ont été rétablis; mais l'acide carbonique continue à les saisir à la gorge, et les interrompt quelquefois par son picotement au milieu d'une roulade mélodieuse [1].

La chaleur étouffante que produit le gaz dans toute la salle n'est pas un moindre inconvénient pour les spectateurs [2].

[1] Cent pouces cubes d'hydrogène carburé en combustion, et provenant de la bonille, produisent, de l'aveu des partisans du gaz, cent pouces cubes d'acide carbonique, et exigent, pour brûler, deux cent vingt pieds cubes d'oxigène!

[2] « La chaleur produite par le gaz *tombe sous les sens,* comme dit M. Accum, de quiconque a eu l'occasion d'y faire l'attention la plus superficielle. » Comment la flamme du gaz donne-t-elle une chaleur plus intense

Selon les partisans du gaz, un des grands avantages du nouvel éclairage, c'est qu'on est exempté de l'emploi des mouchettes, du danger que peut amener une *mouchure de chandelle* tombant sur quelque matière inflammable, et même ( car ces messieurs n'oublient rien ) du désagrément de se trouver dans l'obscurité par la maladresse de la main qui se charge de raccourcir la mèche.

Mais ils se gardent bien de nous dire à combien d'inconvénients plus graves nous expose la négligence de celui qui distribue le gaz. Nous nous rappelons fort bien qu'à Édimbourg, le 7 août 1822, la représentation de *Rob Roy* fut soudain arrêtée parceque les acteurs et les spectateurs se trouvèrent tout-à-coup dans une obscurité complète. Les fournisseurs du gaz s'étoient trompés sur la quantité de houille exigée pour les besoins de la soirée.

que celle de la lampe ou de la bougie? Il faut savoir bien peu de chimie pour ne pas ignorer que c'est parceque la flamme du gaz condense plus d'air que la flamme de la lampe ou de la bougie.

Mais les inconvénients ne sont rien auprès des véritables périls; avant d'en indiquer quelques uns, qu'il nous soit permis de relever une singulière réponse que font les intéressés à toutes les objections contre l'établissement des gazomètres. Ils ne nient pas précisément la possibilité du danger; mais, disent-ils, avec des *précautions* de la part des abonnés, il n'y a rien à craindre!

Ainsi le gaz s'échappe dans un vaste établissement où il se mêle à l'air, s'enflamme, détone à l'approche d'une chandelle, et fait sauter dix maisons.... Qu'est-ce que cela prouve? que celui qui a fait construire l'appareil étoit un ignorant. (*Voyez le* Traité d'Accum, p. 182.) Mais il y a malheureusement tant d'ignorants, de maladroits ou d'imprudents, que l'éclairage par le gaz devient une vraie perfidie.

Nous avons vu que si, lorsque le gaz hydrogène carboné s'est mêlé peu à peu avec une certaine quantité d'air, on approche un combustible allumé, il s'enflamme et fait une soudaine explosion. Dans l'hydrogène pur, le

mélange, fatal est formé par presque toutes
les proportions soit d'air atmosphérique, soit
d'hydrogène; dans l'hydrogène carboné, les
conditions du mélange sont plus limitées; il
faut au moins cinq parties d'air atmosphérique pour une d'hydrogène carboné, et dix
parties pour une au plus. Mais comme dans
les appareils le gaz n'est pas complètement
carboné, parcequ'il n'est pas produit à une
température assez haute, les chances de l'explosion sont plus nombreuses.

Ainsi donc, qu'un tuyau mal construit ou
usé le laisse échapper dans le voisinage d'une
cave où il n'y a point de courant d'air, et
qu'on y descende avec une lampe ou une
chandelle, la maison saute : et qui peut calculer où s'arrêtera l'incendie? Qu'un domestique imprudent oublie de fermer un bec
éteint, le danger est le même.

Qu'un réservoir situé près d'une fontaine,
d'un puits, d'une rivière même, laisse fuser le
gaz, la qualité délétère qu'il communique
aux eaux les convertit en poison.

Que ce soit dans les rues que le gaz se répande, tout un quartier en est méphitisé. Le voisinage seul des becs détruit les arbres si a-gréables et si salubres de nos boulevards. Mais le danger le plus terrible, c'est celui auquel expose le voisinage même des gazomètres.

———

# CHAPITRE XII.

### DU DANGER DES GAZOMÈTRES.

On a bien inventé des appareils portatifs
d'éclairage par le gaz: nous avons vu chez M.
Muir, à Kelso en Écosse, un de ces gazomètres
en miniature qui alimente dix becs tous les
soirs. C'est le même M. Muir qui a eu des
premiers l'idée de faire des *lanternes à l'hydrogène*. Ce sont de petits sacs de toile cirée
qu'on peut transporter d'une chambre à l'autre. Mais on ne trouve plus la même économie dans ces éclairages indépendants et isolés.

Des compagnies se sont emparées partout du monopole des lumières, et ont établi
de vastes gazomètres qui jettent l'épouvante
dans les divers quartiers. Les dégradations des
rues de Paris ont désagréablement annoncé ces
volcans souterrains. Mais ce ne seroit là qu'un
mal passager, quoiqu'il aggrave considérable-
ment les négligences honteuses de notre po-

lice. Des exhalaisons méphitiques ont d'abord éveillé des craintes plus sérieuses, des explosions les ont justifiées, et enfin les réclamations de tout le faubourg Poissonnière ont retenti jusqu'au conseil d'état [1].

Pourroit-on les mépriser, quand on pense qu'un de ces funestes réservoirs contient 200,000 pieds cubes, dont l'explosion équivaudroit à celle de 500 barils de poudre?

On verra dans les mémoires anglais dont nous allons extraire tout ce qu'ils contiennent d'important, que les savants de la Société royale réclament déjà contre l'imprudence des entrepreneurs qui ont établi des gazomètres contenant 120,000 pieds cubes de gaz.

[1] *Voyez* ci-après le Mémoire du faubourg Poissonnière.

# CHAPITRE XIII.

### OBSERVATIONS SUR LES RAPPORTS CI-JOINTS DE LA SOCIÉTÉ ROYALE DE LONDRES ET DE SIR WILLIAM CONGREVE.

Les mémoires ci-joints ne sont pas seulement des pièces justificatives ; ils complètent la partie théorique de l'histoire du gaz hydrogène, et expliquent pourquoi nous nous sommes contentés, dans le chapitre qui précède, du simple sommaire des inconvénients et des dangers du nouveau mode d'éclairage. On remarquera sans doute que la Société royale et sir William Congreve recommandent de sévères précautions, mais ne déclarent pas que le gaz doive être proscrit. C'est à nous de rappeler l'immense intérêt qui favorise en Angleterre les compagnies du gaz : quelques notes semées çà et là aideront le lecteur à comprendre tout le danger qu'indiquent ces précautions sévères si expressément recommandées.

Sir William Congreve ne craint pas toutefois de répéter qu'il seroit bien désirable que
le gaz des huiles fût substitué à celui qu'on
extrait de la houille et autres combustibles.
Nous ne savons pas jusqu'à quel point l'usage
de ce gaz préféré pourroit s'accorder avec
l'économie des consommateurs. Sir William
en vante la lumière comme trois fois plus
éclatante que l'autre. Ce n'est pas un éloge
auprès des personnes dont la vue délicate
souffre déjà de l'éclairage par le gaz hydrogène commun. Nous devons nous attendre
ici à l'objection ironique, répétée, à l'instant
où nous écrivons, dans un petit journal, qui
s'écrie : « Faites-vous des pétitions au conseil
d'état contre la trop vive clarté du soleil ? »
Non, sans doute ; pas plus que vous ne lui
en adressez contre la clarté imparfaite de la
lune. Mais vous-mêmes vous fuyez le trop
brillant éclat du soleil derrière vos rideaux
et vos abat-jours. L'artiste qui a besoin d'appeler ses rayons sur l'œuvre qui l'occupe, en
modifie la couleur par la composition particulière du cristal à travers lequel ils par-

viennent à lui. Dans les rues vous vous glissez
à l'abri des maisons ; dans la campagne, vous
abaissez vos regards sur l'ombre d'une allée
d'arbres, ou vous les reposez avec délices sur
l'oasis d'une verte prairie. La nature, qui n'a
pas voulu que le soleil vous fît subir le sup-
plice de Régulus, a protégé vos yeux de ces
paupières qui les recouvrent par instinct dès
qu'ils sont surpris par une clarté éclatante,
de ces cils qui écartent celle qui vous affec-
teroit trop vivement, de ces sourcils qui ne
donnent pas seulement de la grâce à votre
visage, mais qui aussi, par leur couleur et leur
situation, modèrent l'action d'une lumière
trop intense en diminuant la masse des rayons
qui viennent frapper vos organes visuels : enfin, ce disque éblouissant que vous nous défiez
de traduire au conseil d'état, deviendroit un
fléau s'il nous poursuivoit constamment de
ses pompeuses clartés quand la fatigue du jour
appelle un sommeil réparateur sur nos yeux ;
et si l'homme de lettres, si l'artiste diligent
poursuivent leurs travaux en son absence,
c'est une lumière douce qui seule peut leur

permettre de lutter contre le besoin du repos.

Nous n'avons pas appuyé toutefois sur cet inconvénient du gaz, auquel on s'empresse déjà de remédier en faisant passer sa clarté à travers le milieu terne et mat des verres dépolis; parceque, de tous les inconvénients de la lumière, le moindre est certainement celui d'être trop lumineuse, et qu'on pourroit, sans partialité, le regarder comme un avantage.

Dans un écrit rapidement tracé pour une circonstance qui sera oubliée avant peu, nous avons dû compter sur l'indulgence des lecteurs; nous la réclamons surtout pour la traduction des rapports suivants, dans laquelle nous avons été obligés de sacrifier partout l'élégance à la précision et à la fidélité.

# RAPPORTS

## SUR LES ÉTABLISSEMENTS

## DE L'ÉCLAIRAGE PAR LE GAZ

### EN ANGLETERRE;

IMPRIMÉS PAR ORDRE DE LA CHAMBRE DES COMMUNES.

### Ier RAPPORT.

*Rapport du comité de la Société royale, désigné (à la requête du principal sècrétaire d'état au ministère de l'intérieur) pour examiner le réservoir du gaz appartenant à la Compagnie du gaz.*

AU PRÉSIDENT ET AU CONSEIL DE LA SOCIÉTÉ ROYALE.

« Messieurs,

» Le 7 de février, votre comité se réunit dans
» la maison de la Compagnie du gaz en Provi-
» dence-Court, Peter Street, de Westminster;

» il y trouva le surveillant de l'entreprise (*the*
» *superintendent of the*, etc.) prêt à montrer
» et à expliquer les dessins des appareils, et
» à l'accompagner dans tout l'établissement.
» Votre comité le visita avec soin, fit les ques-
» tions nécessaires, et observa surtout la partie
» où une explosion avoit eu lieu quelques se-
» maines auparavant.

    » La seconde séance de votre comité eut
» lieu, le 15 février, dans la salle de la Société
» royale, où M. Lukin, l'inventeur, avoit en-
» voyé un modèle de la maison ¹ qui sauta, en
» janvier 1812, à Woolwich, et M. Lukin lui-
» même vint donner les explications néces-
» saires sur le modèle et sur cet accident. Le
» rapport fait à l'autorité à cette époque fut lu
» au comité; un calcul de la force probable
» d'une explosion du gaz fut communiqué par
» nu des membres, et un autre membre fournit
» au comité des détails exacts sur les effets
» produits par plusieurs explosions de poudre.
    » Après avoir pleinement discuté les ren-

---

¹ La *Seasoning house.*

» seignemens ainsi obtenus, votre comité est
» d'avis que les deux principaux objets de son
» rapport doivent être :

» 1° De déterminer jusqu'à quel degré il est
» probable qu'une explosion peut avoir lieu;

» 2° Les effets probables de l'explosion, si
» elle avoit lieu.

» Votre comité doit, en conséquence, vous
» faire connoître que la pièce principale de
» l'appareil de Providence-Court est un très
» vaste vaisseau, de la capacité d'environ
» 14,000 pieds cubes, appelé communément
» gazomètre, qui est le réservoir du gaz par
» lequel la lumière doit être entretenue dans
» les lampes. Ce réservoir est construit de
» plaques de fer, épaisses d'un seizième de
» pouce, parfaitement liées ensemble, et en-
» duites à l'extérieur d'un vernis de goudron.
» Ce réservoir est en effet la même chose que
» le récipient de la machine pneumatique sur
» une moindre échelle, renversé dans l'eau
» d'une cuve ou citerne, et puis rempli de
» gaz. Le récipient est suspendu et balancé de
» manière que l'eau de la citerne est tenue à

» peu près à un demi-pouce au-dessus de l'eau
» du récipient; et c'est ce qui constitue la pres-
» sion par laquelle le gaz est chassé dans les
» conduits jusqu'aux lampes. Tant que chaque
» pièce de ce réservoir est tenue en bon état,
» ainsi que tous les tuyaux, et que l'eau est
» fournie en abondance, de telle sorte que les
» pièces qui doivent être sous l'eau ne restent
» jamais à découvert, il semble difficile à notre
» comité qu'aucune explosion ait lieu; mais
» par la maladresse ou la négligence d'un *sur-*
» *intendant*, des imperfections pourroient sur-
» venir à différentes parties de l'appareil,
» qui, laissant mêler le gaz avec l'air, cause-
» roient les plus dangereuses explosions.

» L'accident qui dernièrement interrompit
» le cours du gaz provint, selon le rapport
» du surveillant, du vaisseau dans lequel le gaz
» est lavé à l'eau de chaux avant de passer
» dans le réservoir. L'inattention de ceux qui
» faisoient cette opération laissa échapper une
» portion du gaz à travers les tuyaux qu'on
» plonge habituellement dans l'eau de chaux;
» ce gaz, se mêlant avec l'air de l'endroit où le

» vaisseau à chaux étoit fixé, devint immédia-
» tement propre à faire explosion; et le sur-
» veillant croit que le feu y fut communiqué
» par une cheminée voisine. L'explosion ren-
» versa une muraille et causa d'autres ravages
» dans les appareils. *Cet accident, des plus*
» *légers, prouve du moins combien il est difficile*
» *de se tenir suffisamment sur ses gardes contre*
» *toutes les causes possibles de malheur dans*
» *un appareil si compliqué.*

   » Parmi les chances d'explosion, une des
» plus funestes, d'après l'opinion de votre co-
» mité, est celle qui peut provenir d'un in-
» cendie accidentel qui s'allumeroit dans le
» bâtiment où sont les appareils. Il n'est pas
» certain que dans ce cas le gaz se mêleroit
» avec l'air commun, de manière à faire explo-
» sion; mais les divers accidents qu'occasio-
» neroit probablement un incendie, commu-
» niqué d'une maison voisine, rendroient les
» dangers nombreux et terribles.

   » La pensée vint à votre comité que les ris-
» ques d'un incendie seroient de beaucoup di-
« minués, en appliquant au réservoir un tuyau

» aboutissant à une distance convenable , et
» dont l'orifice extérieur seroit fermé par une
» soupape qu'on pourroit ouvrir en tirant une
» chaîne ; par ce moyen, le gaz seroit lâché
» hors du réservoir à la première alarme d'in-
» cendie. *L'accès de cet orifice et de la chaîne*
» *seroient parfaitement gardés contre toute per-*
» *sonne malintentionnée ou négligente* [1].

» Il seroit bon aussi que l'édifice fût ga-
» ranti contre le feu. (*Water proof — à l'é-*
» *preuve du feu.*)

» Quant à l'effet d'une explosion, si elle
» avoit lieu, le meilleur calcul approximatif est
» celui-ci : dans un réservoir contenant 14,000
» pieds cubes, et avec les circonstances les plus
» favorables à la force de l'explosion , elle se-
» roit égale à l'effet de dix barils de poudre à
» canon ; et, toute déduction faite des chances
» heureuses, elle n'excéderoit que rarement
» l'effet de cinq barils : ce qui, cependant, se-

---

[1] Nous mettons ces mots en italique pour qu'on fasse
bien attention au nouveau danger qui naît même d'une
précaution nécessaire.

» roit terrible ( *very formidable* ) pour le voi-
» sinage immédiat.

» Votre comité ne trouve rien de plus pro-
» pre à vous faire apprécier les conséquences
» d'une explosion que l'accident arrivé à
».Woolwich, dans la *Seasoning-house* de
» M. Lukin. Suivant le rapport qu'on en fit au
» gouvernement, soixante-treize pieds d'une
» muraille de douze pieds de hauteur, et située
» à douze pieds de l'édifice, furent renversés.
» des briques jetées à deux cent cinquante pieds
» dans un marais adjacent, d'autres enfoncées
» dans la terre obliquement à une profondeur
» considérable; une porte de fer, du poids de
» 280 l., fut lancée à la distance de 230 pieds,
» une autre à 190 pieds; et plusieurs personnes
» furent tuées ou blessées. Votre comité, en
» comparant toutes choses, croit qu'une explo-
» sion du réservoir de *Providence-Court* seroit
» à peu près égale, mais que de moindres ex-
» plosions peuvent aussi avoir lieu, suivant la
» nature de l'accident qui les causeroit.

» D'après ces considérations, votre comité
» est d'avis que, *si l'éclairage par le gaz*

» *doit être généralement adopté*, les appareils
» soient reculés à une certaine distance de
» tout autre édifice, ou que, s'ils sont placés
» près des maisons, le réservoir devroit être
» d'une beaucoup moindre dimension ', et cha-
» que appareil pourvu de plus d'un réser-
» voir, séparé par des murailles épaisses, du
» genre de celles des manufactures de poudre,
» et suffisantes pour empêcher que l'explosion
» ne se communiquât de l'un à l'autre. Cet ar-
» rangement auroit de plus l'avantage de tenir
» les lampes toujours garnies de gaz, quand
» même un accident rendroit, pour un temps,
» un des réservoirs incapable de servir. Si on
» multiplie les appareils, il faudra multiplier
» les surveillants, et les choisir aussi intelli-
» gents qu'actifs ; car multiplier les appa-

---

' A-t-on raison de s'effrayer du voisinage d'un réservoir contenant deux cent mille pieds cubes de gaz ?...
Si quatorze mille pieds cubes produisent une explosion
égale à celle de cinq barils de poudre, sept mille équi-
vaudront à deux barils et demi, le *maximum de poudre*
qu'il est permis à un marchand d'avoir chez lui en
ville.

» reils, c'est multiplier aussi les chances d'ac-
» cidents.

» Par suite d'un dommage récent que vien-
» nent d'essuyer les appareils de Providence-
» Court, il n'y a d'autre moyen pour vider le
» réservoir, avant de le remplir, que d'y in-
» troduire le gaz pour chasser l'air. Pendant
» un temps de cette opération le réservoir doit
» évidemment contenir un mélange de gaz et
» d'air, dans des proportions capables d'ame-
» ner l'explosion, si la moindre partie de l'ap-
» pareil étoit mise en contact avec le feu. Le
» surveillant proposoit d'obvier à ce danger
» par un réservoir flexible, dont les parois se
» rapprocheroient quand il se videroit, et qui
» se déploieroient pour donner accès au gaz.

» Votre comité croit que ce réservoir flexi-
» ble ne feroit qu'augmenter les risques des ac-
» cidents, sans offrir un avantage réel. Cette
» proposition prouve seulement à votre co-
» mité la nécessité de n'employer pour les ap-
» pareils du gaz que des surveillants non seule-
» ment instruits et zélés, mais encore d'un
» caractère sage, judicieux, et nullement portés

»à de téméraires essais avec *des matériaux si*
» *dangereux.*

» Il a paru à quelques membres de votre
» comité, qu'il est pour les maisons et les éta-
» blissements éclairés par le gaz, d'autres causes
» de danger sur lesquelles doit être appelée l'at-
» tention des personnes qui font usage des lam-
» pes de la Compagnie. Si les tuyaux introduits
» dans une maison viennent à *fuir,* ou, ce qui
» est plus probable, si le domestique chargé
» de ce soin négligeoit de tourner le robinet
» après que la lampe est éteinte, le gaz se ré-
» pandroit dans un ou plusieurs appartements,
» et pourroit s'y accumuler en proportions ca-
» pables de produire une forte explosion. C'est
» ce qui peut arriver plutôt dans les lieux où
» les becs ne sont pas allumés tous les soirs, et
» surtout dans les églises où le service ne se
» répète pas fréquemment. On a allégué que
» l'odeur du gaz trahiroit sa présence et met-
» troit sur leurs gardes les personnes qui s'ap-
» procheroient avec une lumière. Cependant il
» est très possible qu'un domestique survienne
» dans l'appartement ou l'église, après une ab-

»sence de quelques jours, pour y allumer les
»lampes à la hâte; et le malheur arriverait en
»ouvrant la porte, avant que l'odorat fût averti[1].

»Votre comité dans ses discussions n'a pas
»perdu de vue les dangers dont le public serait
»menacé par les tentatives de tout malveillant
»qui voudrait arrêter le cours du gaz, ou occa-
»sioner des explosions afin de profiter de l'obs-
»curité et de la consternation générale; mais
»le secrétaire d'état est le meilleur juge de
»cette espèce de danger, comme aussi du ris-
»que que ferait courir la corruption d'un sur-
»veillant des appareils[2]. »

[1] *Voyez*, après les rapports, les détails de l'explosion de l'Opéra.

[2] Nous ne sommes pas accoutumés à récriminer
contre le pouvoir déchu, mais peut-on s'empêcher de
relever ici l'inconcevable étourderie de notre police
dans le patronage qu'elle se hâta d'accorder aux gazomètres? ou faut-il la remercier d'avoir compté sur la
moralité de la nation? Elle devoit au moins prévoir les
effrayantes aberrations mentales qui rendent certains
suicides si redoutables. Il est incroyable qu'on se soit
avisé de mettre la vie d'un million d'hommes à la merci
d'un accès de démence ou d'un transport de désespoir.

Ce premier rapport se termine par l'éloge de l'obligeance des agents de la Compagnie du gaz, et il est signé par Joseph Banks, Charles Blagden, William Congreve, James Lawson, John Rennie, Georges Saunders, Smithson Tennant, William Hyde Wollaston, Thomas Young.

24 février 1814.

Pour copie conforme,

H. HOBBHOUSE.

—

## II<sup>e</sup> RAPPORT.

*Rapport de sir William Congreve sur les appareils d'éclairage par le gaz à Londres, fait en janvier 1822, par ordre du lord vicomte Sydmouth, principal secrétaire d'état au ministère de l'intérieur.*

« Milord,

« Conformément aux ordres que m'a donnés »votre seigneurie de faire un rapport, aussi

»promptement que possible, sur l'état actuel
»des appareils d'éclairage par le gaz dans la
»métropole et sa banlieue, j'ai l'honneur de lui
»transmettre une esquisse générale du résultat
»de mes recherches, dont les détails ne pour-
»roient être que très volumineux, vu l'accrois-
»sement immense de ces appareils, etc., etc.»

(Suit l'énumération des différents appareils
dans Londres et sa banlieue, tels que ceux de
Peter street, de Dorset street, etc., etc. Sir
William s'étonne que ces derniers, réunis dans
un même bâtiment, contiennent la *quantité
énorme* de près de 40,000 pieds cubes de gaz
par gazomètre! De quelle épithète qualifie-
rait-il donc les nôtres! car il importe de répéter souvent la comparaison. Sir William
s'occupe ensuite des dangers de l'explosion.
Nous allons le laisser parler lui-même, en
abrégeant ou retranchant seulement les para-
graphes qui traitent trop exclusivement des
localités. )

### Dangers de l'explosion.

... «Les dangers de l'explosion que ces divers

7.

»établissements fónt craindre peuvent être
»divisés en trois parties:

»1° Ceux de l'explosion qui peut avoir lieu
»au gazomètre même ;

»2° Ceux de l'explosion qui peut survenir
»dans le trajet du gaz sous les rues ;

»3° Ceux de l'explosion qui menace les mai-
»sons où l'on consume le gaz.

»Pour que le danger existe, il est nécessaire
»qu'une certaine proportion d'air atmosphé-
»rique se mêle d'une façon ou d'autre avec le
»gaz.

»Les causes probables de ce mélange dans
»le gazomètre ou dans les bâtiments environ-
»nants sont nombreuses : il suffit d'en énumé-
»rer quelques unes.

1° Causes probables de l'explosion dans les gazomètres et dans
les maisons où les gazomètres sont établis.

»Quand on remplit un gazomètre pour la
»première fois, ou un gazomètre qui a été déjà
»vidé, on ne connaît jusqu'à présent aucun
»moyen d'épuiser l'air atmosphérique, et en
»conséquence des accidents ont eu lieu dès la

»première opération. C'est ce qui est arrivé à
»Manchester, où des ouvriers approchèrent
»une lumière du gazomètre pour s'assurer de
»l'état où il étoit. Le gazomètre éclata, la mai-
»son fut détruite, un homme tué, plusieurs
»autres dangereusement blessés, etc.

»Ce mélange seroit encore à craindre si un
»gazomètre n'étant pas parfaitement à l'é-
»preuve de l'air, étoit tenu trop élevé par sa
»chaîne de suspension au moment où le gaz
»s'échappe; car alors la place du gaz absent
»seroit remplie par l'air environnant, et l'ex-
»plosion deviendroit imminente.

»Mais il n'est pas besoin que le mélange soit
»causé par l'introduction du gaz atmosphéri-
»que dans le gazomètre; il suffit qu'une petite
»quantité de gaz s'échappe du gazomètre et se
»mêle avec l'air contenu dans la maison du
»gaz; ce que produira un simple *coulage* du
»gazomètre, ou bien, *ce qui est souvent arrivé,*
»une trop grande pression du gazomètre qui
»chasse le gaz en flots abondants : et en effet,
»j'ai su qu'un vaste gazomètre de *Bricklane*
»ayant été ainsi surchargé, son contenu s'é-

»chappa dans l'atmosphère; et les consé-
»quences *en eussent* été fatales si le moindre
»feu avoit existé aux alentours. C'est encore
»un événement qui pourroit être facile, en
»ce que la plupart des gazomètres sont trop
»près des retortes, dont la décharge produit
»une grande flamme, et généralement une
»petite explosion. Le coke retiré brûlant des
»retortes est aussi transporté par beaucoup
»d'entrepreneurs à travers les maisons conte-
»nant les appareils. Croira-t-on que, dans celle
»de *White-Chapel*, deux larges sacs de canevas
»ont servi quelque temps de gazomètres, et
»qu'une forge étoit située à peu de distance ?

»Si donc une explosion sérieuse avoit lieu
»dans une des maisons à gaz, il n'est guère
»douteux qu'elle détruiroit tous les gazo-
»mètres de cet établissement, et qu'en don-
»nant ainsi une soudaine issue au gaz il s'en-
»suivroit un mélange plus étendu avec l'air,
»qui propageroit des explosions successives
»d'un gazomètre à l'autre [1].

[1] Au faubourg Poissonnière, nos immenses gazomètres

»Il est d'autres causes d'accidents que je n'ai
»pas besoin de particulariser ici, telles que
»l'échappement de l'eau des citernes, qui,
»presque partout, sont élevées au-dessus de la
»surface, et qui, par la grande masse d'eau
»qu'elles contiennent, sont sujettes à crever.

»Aujourd'hui la plupart des appareils sont
»neufs ou à peu près; toutes les chances d'ac-
»cidents seront donc plus nombreuses à me-
»sure que les matériaux s'useront, etc., etc.

2° Causes probables de l'explosion dans les conduits sous
les rues.

»Nous trouvons ici une bien plus grande
»facilité pour le mélange qui fait explosion, à
»raison de la différence des niveaux le long
»desquels passent les conduits. Ainsi il arrive
»souvent, lorsque le gazomètre ne donne pas
»une quantité suffisante de gaz, que les lampes
»des niveaux inférieurs sont éteintes ' par la

pourroient donc se communiquer aussi réciproquement
l'explosion!

' L'extinction des lampes est un inconvénient sérieux
sous d'autres rapports, indépendamment des dangers
qui l'accompagnent, etc., etc.

»réaction de l'air ambiant sur les orifices de
»ces lampes, de manière à remplir d'air atmo-
»sphérique la partie basse du conduit. Un ac-
»cident de ce genre arriva dernièrement à
»Édimbourg, où le pavé des rues fut lancé à
»une hauteur considérable.

»Quand on pose les tuyaux, le gaz s'échappe
»encore fréquemment, et s'accumule sous le
»pavé ou dans les égouts : c'est ainsi qu'a eu
»lieu, à ma connoissance, une explosion dont
»la torche d'un *éclaireur de rues* fut la cause
»seconde, etc., etc.

3° Causes probables des accidents dans les maisons où le gaz
vient se consumer.

» Plusieurs accidents plus ou moins graves
»ont eu lieu par la fuite et l'accumulation
»du gaz dans les caves des maisons. On peut
»citer, entre autres, la destruction d'une mai-
»son à Newcastle-sur-la-Tyne, et le ma-
»gasin de MM. Savoury et Moore, *Bond street.*
»Mais il est une autre source d'accidents qu'il
»importe de signaler ici.

» Les gazomètres sont tellement pesants

»qu'ils ont besoin d'un énorme contre-poids.
»Ceux de Dorset street, par exemple, sont sus-
»pendus par des poids de six à sept tonneaux
»chacun. Si par hasard un de ces contre-poids
»se détachoit pendant que le gazomètre est en
»activité, la pression de ce gazomètre sur le
»gaz seroit tout-à-coup si fort augmentée, et
»les lampes en rapport avec lui jetteroient aus-
»sitôt leurs flammes à une telle élévation que'
»dans bien des endroits ( dans les magasins
»par exemple), un incendie auroit lieu avant
»qu'on pût tourner les becs.

**Force d'explosion du gaz hydrogène mêlé avec l'air
atmosphérique.**

»Pour ce qui est de la force d'explosion qui
»résulteroit d'un des accidents ci-dessus men-
»tionnés, on l'a, je pense, mise bien bas, en
»la comparant à celle de la poudre à canon.
»Les ravages de l'explosion du gaz, dans
»l'étuve à sécher le bois du *Doch* (*bassin*) de
»Woolwich, arrivée il y a quelques années, et
»que j'eus l'occasion d'examiner immédiate-
»ment après l'événement, étoient certes bien

»plus étendus que ceux que j'ai vu produire par
»l'explosion d'une des étuves à sécher la pou-
»dre dans les usines royales, contenant qua-
»rante barils de poudre. Je ne crois pas ce-
»pendant que l'étuve de Woolwich contînt la
»moitié autant de gaz que quelques uns des
»gazomètres actuellement établis à Londres.

»J'ai été témoin aussi du résultat d'une ex-
»plosion du mélange gazeux renfermé dans
»un petit vaisseau de fer. La force en a dé-
»passé tellement les appréciations ordinaires,
»que je ne saurois m'empêcher de croire qu'il
»y a, dans les appareils du gaz à Londres,
»de quoi produire les ravages les plus ef-
»frayants.

»L'attention du gouvernement ne sauroit
»être trop souvent invoquée sur un sujet sem-
»blable, etc., etc.

### Du gaz de l'huile ( *oil-gaz* ).

» Je ne puis terminer ce rapport sans offrir
»quelques observations sur l'usage du gaz de
»l'huile, qui, heureusement, commence à être
»adopté dans quelques établissements, à Nor-

»wich, à Hull, au voisinage de Londres, à
»Bow, etc.

### Sûreté comparative.

»L'avantage le plus important de ce gaz, c'est
»la sûreté qu'il promet, puisque l'explosion
»que produiroit son mélange avec l'air atmo-
»sphérique est à peine possible, tant les con-
»ditions de ce mélange sont limitées. Il faut
»ajouter à cet avantage celui de l'éclat supé-
»rieur de sa lumière, qui est double de celui
»qu'on obtient du gaz hydrogène des houilles.
»Je parle seulement du gaz obtenu de l'huile
»de baleine; car quelques autres huiles végé-
»tales répandent une clarté plus vive encore.

»Grâce à la simplicité des appareils, et vu
»cette plus grande intensité de lumière, cette
»nouvelle matière d'éclairage ne seroit pas
»plus coûteuse que celle du gaz généralement
»employé.

»Il est un autre avantage du gaz des huiles;
»savoir, qu'on peut le fabriquer en grande
»quantité sans résidu. Or les inconvénients
»qui résultent des différents produits de la

»*carbonisation* des houilles ont déjà fait
»naître de sérieuses plaintes et même des
»procès [1].

»L'odeur du gaz des huiles est aussi bien
»moins désagréable, et ses émanations ne ris-
»quent pas de décolorer et de ternir les do-
»rures et les meubles, comme font celles du
»gaz hydrogène ordinaire [2]. Je ne saurois non
»plus me dispenser de rappeler qu'il seroit
»dans l'intérêt national de favoriser l'usage
»du gaz des huiles, pour encourager nos pê-
»cheries, branche de commerce qui a tant
»souffert par l'introduction de l'éclairage
»nouveau [3].»

[1] Depuis que ce Mémoire de sir W. Congreve a paru,
la cité de Londres a poursuivi quelques unes des compagnies du gaz, comme ayant empoisonné les eaux
de la Tamise. (*Voyez* le Mémoire du faubourg Poissonnière.)

[2] *Free from that decoloration and tarnish of furniture
which attend the use of gaz.*

Nous avons été, comme on voit, bien modérés en
mentionnant cet inconvénient comme accidentel.

[3] Les nôtres, qui sont aussi d'une grande importance,
n'ont pas moins souffert. La fabrication des bougies oc-

Sir William s'excuse de la brièveté de son rapport sur le peu de temps qui lui a été accordé pour le rédiger, et promet de nouveaux détails pour un autre mémoire.

*Signé*, William CONGREVE.

Pour copie conforme,

H. HOBBHOUSE. »

---

## IIIᵉ RAPPORT.

*Rapport de sir William Congreve, baronnet, sur le gaz, etc., au très honorable Peel, secrétaire d'état de Sa Majesté pour l'intérieur.*

Londres, 5 janvier 1823.

Sir William consacre la première partie de son rapport au tableau des diverses com-

cupoit annuellement un grand nombre de pêcheurs, et la belle bougie diaphane de madame Mougniard avoit augmenté ce genre de consommation. *En dédommagement*, l'importation des houilles belges et anglaises a rapporté cette année plusieurs millions à l'étranger.

pagnies pour l'éclairage de Londres. Il y joint
même un plan de la métropole sur lequel des
lignes de différentes couleurs indiquent les
différents établissements de chaque quartier.
Il cite le nombre des retortes, des gazomètres, des conduits, des becs, etc., etc. Il
calcule même les capitaux et les revenus de
toutes les compagnies. Voici les observations
générales qui seules nous intéressent.

## OBSERVATIONS GÉNÉRALES.

« La première observation qui se présente
»après ce tableau des appareils du gaz dans la
»métropole, c'est celle de leur immense ac-
»croissement depuis 1814, époque où il n'exis-
»toit qu'un seul gazomètre de 14,000 pieds cu-
»bes dans Peter street, appartenant à la *com-*
»*pagnie Chartrée* ( *the Chartered company* ),
»comme on l'appeloit, tandis qu'à présent il
»y a quatre grandes compagnies établies, pos-
»sédant 47 gazomètres capables de contenir
»ensemble 917,940 pieds cubes de gaz, four-
»nis par 1,315 retortes : ces retortes contenant

»plus de 33,000 chaudrons¹ de houille par an-
»née, et produisant plus de 41,000 chaudrons
»de coke. La quantité totale du gaz, fabriqué
»annuellement, s'élève à 397 millions de pieds
»cubes, qui éclairent 61,203 lampes particu-
»lières, et 7,263 réverbères publics. Outre ces
»quatre grandes compagnies qu'une mesure
»légale place sous l'inspection du secrétaire
»d'état, il y a à Londres plusieurs compagnies
»particulières dont les opérations ne sont pas
»comprises dans les calculs précédents. »

Sir William observe avec satisfaction que
les accidents sérieux ne se sont pas multipliés
en proportion des nouveaux établissements : il
n'en cite même qu'un seul particulièrement,
dont nous renvoyons le compte rendu à la fin
du rapport. Il se félicite aussi des améliora-
tions apportées dans la surveillance des appareils, et la méthode de nouvelles construc-
tions de gazomètres, etc., etc. Il espère qu'a-
vec le temps, le nombre des risques peut
encore diminuer.

¹ Le *chaudron* est une mesure de trente-six bois-
seaux.

« Qu'on redouble cependant de précautions
»et de vigilance, ajoute sir William, Le péril
»est toujours imminent. Afin d'expliquer et de
»définir avec plus d'exactitude qu'on ne l'a fait
»jusqu'ici la nature et l'étendue de ce péril,
»j'ai répété les expériences suivantes à Wool-
»wich, pour établir la comparaison de la pou-
»dre, et celle des différents mélanges de l'hy-
» drogène carburé avec l'air atmosphérique.

   »Le mélange suivant a été enflammé dans
»un cylindre construit exprès pour projeter
»une balle pesant sept livres deux onces, le
»cylindre étant suspendu à un pendulum pour
»mesurer les degrés du recul.

### PREMIÈRE EXPÉRIENCE.

| | Portée de la balle. | Recul du cylindre. |
|---|---|---|
| Hydrogène carburé, 288 pouces cubes, et 1440 pouces cubes d'air commun, dans la proportion d'un sixième d'hydrogène à cinq sixièmes d'air atmosphérique. | 94 pieds. | 64 degrés. |
| La poudre à canon (huit grains) a produit à peu près le même effet. | 77 | 64 |

» Il s'ensuit que, mêlé dans les proportions
»nécessaires, c'est-à-dire un sixième d'hydro-
»gène carburé avec cinq sixièmes d'air com-
»mun, un pied cube de ce gaz seroit égal à
»trois onces de poudre à canon. 480 pieds
»cubes sont donc égaux à un baril; le contenu
»d'un gazomètre de 15,000 pieds cubes, à 31
»barils; et quinze gazomètres (il y en a quinze
»dans Peter street), de 15,000 pieds cubes,
»produiroient une force égale à 465 barils de
»poudre.

»Une seconde expérience a été faite avec
»une plus grande proportion d'hydrogène
»carburé.

### SECONDE EXPÉRIENCE.

| | Portée de la balle. | Recul du cylindre. |
|---|---|---|
| 346 pieds cubes d'hydro-gène carburé, et 1382 pieds cubes d'air commun, c'est-à-dire un cinquième de l'un avec quatre cinquièmes de l'autre. | 158 pieds. | 76 degrés. |
| 26 grains de poudre. . . . . | 115 | 74 |

»Un pied cube de gaz, mêlé dans ces pro-
»portions, donneroit une force d'explosion

2ᵉ ÉDIT. 8

»égale à cinq onces de poudre ; — 288 pieds
»cubes en donneroient une égale à un baril.
»Un gazomètre de 15,000 pieds cubes seroit
»égal à 52 barils et quart, et quinze gazomè-
»tres de 15,000 pieds représentent près de
»784 barils.

»Ces expériences suffisoient pour détermi-
»ner le risque des grandes accumulations de
»gaz hydrogène, puisqu'elles prouvoient que
»si, par quelque accident, le contenu d'un ga-
»zomètre de 15,000 pieds cubes venoit à s'é-
»chapper dans la maison de l'établissement, de
»manière à former un mélange avec l'atmo-
»sphère environnant, dans la proportion d'un
»cinquième de gaz, ce mélange auroit une
»force d'explosion égale à 50 barils de pou-
»dre ; le gaz de tous les quinze gazomètres de
»Péter street s'épanchant au dehors de la même
»manière, feroit une explosion égale à 700
»barils.

»Il est vrai que, dans son état ordinaire,
»le gaz hydrogène carboné des gazomètres
»n'est pas de nature à faire explosion sans le
»mélange de l'air atmosphérique ; mais il ne

»faut pas oublier que l'air atmosphérique en-
»toure sans cesse les gazomètres, et qu'il
»est dans un contact immédiat avec toutes
»ses parties, de sorte que l'union de deux in-
»grédients dans certaines proportions dange-
»reuses peut toujours avoir lieu, soit intérieu-
»rement soit extérieurement, par des accidents
»imprévus, tels que la destruction du gazo-
»mètre par la foudre, qui produiroit en même
»temps le mélange et l'ignition: l'incendie de
»l'établissement: le renversement d'un gazo-
»mètre causé par la rupture de la chaîne de
»suspension, *accident arrivé dernièrement à*
»*Brighton*, et qui a eu lieu aussi dans un ap-
»pareil où l'on vit crever tout-à-coup la citerne
»au milieu de laquelle flotte le gazomètre. Le
»*coulage* d'un vieux gazomètre est aussi une
»cause probable du mélange fatal. D'où je con
»clus qu'il est d'une nécessité indispensable de
»continuer les précautions et la vigilance.

»Mais, supposant même que ce mélange n'ait
»pas lieu, je craindrois que de sérieux incon-
»vénients ne fussent attachés à la simple com-
»bustion d'un dépôt d'air inflammable.

S.

»Une pareille combustion déterminée par
»la foudre, ou autrement, menaceroit des plus
»terribles effets les maisons et les gazomè-
»tres du voisinage, en causant la raréfac-
»tion et l'explosion soudaine de l'air, à part
»toute combinaison de l'oxigène avec l'hydro-
»gène, et par la simple conflagration de ce
»dernier gaz. »

—Ici, sir William Congreve donne d'ex-
cellentes instructions sur les conduits partiels,
qu'il considère comme sujets à être rongés
intérieurement par la rouille, et obstrués par
les souillures du gaz. Il veut qu'on remplace
les tuyaux de fer par des tuyaux de plomb, et
les tuyaux de cuivre par des tuyaux d'étain.
Comme le dépôt capable d'obstruer les conduits est un sulfate de fer ou du cuivre, ce
danger seroit bien moins à craindre partout
où le gaz seroit parfaitement pur. Nous remarquerons ici nous-mêmes, au sujet des
tuyaux, qu'il est peut-être très imprudent de
les laisser trop à découvert, comme on a
fait dans certains édifices publics de Paris
(entre autres au Gymnase). Sir William Con-

greve s'occupe ensuite des règlements à imposer aux entrepreneurs de l'éclairage par le gaz. Il s'afflige qu'ils n'y aient pas été soumis dès l'origine.

« Les abus se sont accrus, dit-il, depuis le »premier rapport de la Société royale, en »1814. Une réforme immédiate ne pourroit »plus être exigée sans embarrasser beaucoup »les compagnies, et, par suite, sans faire tort »au public pour le prix et la fourniture du »gaz. Mais je n'hésite pas à déclarer que les »gazomètres généralement en usage con- »tiennent une plus grande quantité de gaz »accumulé qu'il ne conviendroit pour la sûreté »publique; et qu'ils sont placés trop près les »uns des autres, *comme aussi trop près des* »*quartiers les plus populeux de la ville.*

»Par son rapport de 1814, la Société »royale recommandoit de limiter la capacité »des gazomètres à 6,000 pieds cubes; la «dépense de cette réforme seroit telle qu'on «pourroit trouver une sécurité presque équi- »valente dans d'autres précautions, et accor- »der une plus grande latitude aux réservoirs.

»En laissant donc un ample espace autour de
»chaque gazomètre, je ne sais s'il n'y auroit
»pas beaucoup à redouter encore d'un gazo-
»mètre contenant de 15 à 20,000 pieds cubes
»de gaz ; mais deux gazomètres d'une sem-
»blable capacité ne devroient jamais avoir
»entre eux moins de 40 pieds de distance, ou,
»si on les rapprochoit davantage, je voudrois
»qu'au moins ils fussent séparés par un épais
»rempart de briques dans le genre de ceux
»qu'on voit aux manufactures de poudre de
»*Waltham Abbey*. Je maintiens aussi que ces
»gazomètres ne devroient jamais exister qu'é-
«loignés de cent toises des maisons. »

Sir William s'occupe, après ces considérations, de la manière de réduire les dimensions des gazomètres actuels, et de les écarter les uns des autres. Il recommande les gazomètres en plein air, parceque l'explosion
est plus facile dans la maison où est le gazomètre, que dans le gazomètre même. Il vante
l'utilité d'un petit gazomètre régulateur, et
prouve par toutes ces précautions, indispen-
sables selon lui, qu'il est convaincu que l'é-

clairage par le gaz est un des plus formida-
bles éléments de destruction amenés par le
progrès des sciences. Aussi revient-il avec
détail sur l'éclairage par le gaz tiré des huiles.

### Appareils du gaz des huiles.

« Je ne dois pas terminer ce rapport, dit-il,
»sans ajouter quelques mots sur le gaz des
»huiles, quoique je sois fâché de dire que
»cette branche de l'éclairage du gaz ne s'est
»étendue que fort peu dans la métropole de-
»puis mon précédent mémoire. Cependant
»l'usage en a été adopté à Liverpool, Ply-
»mouth, Cambridge, et Dublin.

»A Londres, une seule compagnie publique
»a été établie près de l'*Oldford*. Ses appa-
»reils consistent en un gazomètre de 30 pieds
»de diamètre et de 12 pieds de profondeur,
»servi par 12 retortes, dont trois ou quatre
»seulement sont en activité, la quantité de
»gaz consumé n'excédant pas 6,000 pieds
»cubes par jour.

»La simplicité de l'appareil est remarqua-
»ble. Ces retortes, chargées une seule fois

»chaque jour, reçoivent continuellement une
»petite quantité d'huile.

»On a calculé qu'un gallon¹ d'huile produi-
»soit 100 pieds cubes d'un gaz dont la lumière
»équivaut à plus de 300 pieds cubes de gaz hy-
»drogène carboné des houilles.

»Pour être épuré, le gaz de l'huile n'a besoin
»que d'être passé à travers une citerne rem-
»plie d'huile au lieu d'eau de chaux. Cette
»huile n'éprouve aucune détérioration dans
»l'opération, comme l'eau de chaux dont on
»se sert pour laver le gaz du charbon : aucun
»résidu n'est laissé.

»L'huile de qualité très inférieure est pro-
»pre à produire de bon gaz, quoique certaines
»huiles végétales soient les meilleures.

»Les tuyaux de cet appareil parcourent un
»espace de 7 milles, depuis l'hôpital de Lon-
»dres jusqu'à Statford place.

»Chaque maison éclairée par ce gaz a un
»petit gazomètre pour mesurer la quantité
»qu'elle en consume : le prix est à raison de
»5 schellings pour 100 pieds cubes.

¹ Quatre litres.

»Sans aucun doute la lumière ainsi produite
»par le gaz de l'huile est moins chère que celle
»que procure la consommation directe de
»l'huile, eu égard à sa plus grande intensité.
»La dépense même n'en est pas plus forte que
»celle du gaz de la houille. Et attendu que la
»clarté de ce gaz vaut trois fois celle de l'au-
»tre, ou qu'un bec brûlant le gaz de l'huile
»éclaire comme trois becs brûlant le gaz 'de
»la houille, tous les avantages sont encore du
»côté du gaz de l'huile pour sa pureté et son
»odeur moins désagréable.

»Je ne dois pas omettre cependant qu'une
»compagnie, appelée *Compagnie du gaz des
»huiles portatif,* va s'établir à Londres, dans
»le but d'éclairer par ce gaz les maisons iso-
»lées auxquelles ne parvient aucun conduit.
»On a préparé des vaisseaux de cuivre de di-
»verses capacités dans lesquels on dépose le
»gaz par compression; de manière qu'un vais-
»seau d'un pied cube contient jusqu'à 16 pieds
»cubes de gaz, ce qui suffit pour entretenir
»une lampe pendant 9 heures.

»Je laisse à cette entreprise le soin de sur-

»monter les difficultés qui s'offrent à elle. Je
»ne considère que le danger que j'entrevois
»dans la compression à laquelle il est néces-
»saire de réduire le gaz pour le rendre porta-
»tif. Il y a évidemment *quelque risque* à con-
»denser 16 pieds cubes de gaz dans un vaisseau
»de cuivre *tout neuf*. Mais, après un long usage
»et la réaction continuelle du gaz contre ses
»parois, les dangers de son explosion sont
»bien plus nombreux.

»Quoique l'usage du gaz des huiles soit en-
»core limité dans la capitale aux établissements
»particuliers, il me reste à faire observer que
»toutes les applications de ce gaz, comme
»celles du gaz des houilles, devroient être sou-
»mises à quelque espèce de *licence* et de rè-
»glement, etc., etc.

»J'ai l'honneur d'être, etc.

»W. CONGREVE. »

Pour copie conforme,

H. HOBHOUSE.

# RAPPORTS SUPPLÉMENTAIRES.

## EXPLOSION SURVENUE A L'OPÉRA DE LONDRES.

### Lettre de sir William Congreve au ministre secrétaire d'état de l'intérieur.

Cecil street, 1er novembre 1822.

Monsieur,

«Ayant été informé de l'explosion du gaz »qui eut lieu, mercredi, dans les caves si-»tuées sous la colonnade de l'Opéra, j'ai cru »qu'il étoit de mon devoir, comme chargé de »l'inspection du nouveau mode d'éclairage, »d'aller, dans l'intérêt de la sûreté publique, »visiter les lieux où cet accident étoit arrivé. »C'est le rapport de ma visite que j'ai l'hon-»neur de vous transmettre.

»Il paroît qu'un des tuyaux qui passent sur »une partie des voûtes avoit été brisé proba-»blement par un des ouvriers employés à l'ex-»tension des caves sous la rue.

»Le gaz s'étant frayé un passage dans les »voûtes sous le tuyau endommagé, l'explosion

»eut lieu quand on descendit une chandelle
»allumée dans le cellier, qui consiste en plu-
»sieurs caveaux réunis par un long passage.
»En entrant dans le cellier, ainsi rempli de
»gaz, la personne qui portoit la lumière fut
»dangereusement brûlée; une seconde per-
»sonne, qui l'accompagnoit à plusieurs pas
»derrière elle, fut repoussée à une distance
»très considérable, mais sans beaucoup de
»mal.

   »Le principal dommage du cellier fut la
»destruction de toutes les portes fermées des
»différents caveaux, et dont, chose curieuse,
»les unes furent renversées en dedans et les
»autres en dehors. Il est néanmoins singulier
»que le vin n'ait pas souffert, quoiqu'une bar-
»rique ait été évidemment ébranlée deux fois.
»En effet, il paroît, d'après le témoignage
»des personnes présentes, qu'il y eut deux
»explosions distinctes, le gaz s'étant répandu
»dans différentes parties de la cave, quoique
»l'explosion principale eut lieu dans le caveau
»placé immédiatement au-dessous du tuyau
»brisé. Cette circonstance explique aussi pour-

»quoi quelques portes sautèrent en dedans et
»d'autres en dehors.

»L'effet de l'explosion s'étendit au-delà des
»escaliers de la cave, détruisit un large abat-
»jour, et une moitié de la fenêtre du magasin.

»Il paroît que l'odeur du gaz échappé ne
»s'étoit fait apercevoir que le matin du jour de
»l'accident qui arriva à une heure de l'après-
»midi.

»Une lampe d'Argand allumée au bout du
»passage fut éteinte par l'explosion. Tout bien
»examiné, je crois que les proportions du gaz
»mêlé à l'air atmosphérique ne pouvoient être
»bien considérables dans ces caveaux; j'en juge
»par l'effet de l'explosion, par le trajet du
»gaz échappé, par la circonstance de l'odeur
»qui ne le trahit que quelques heures aupara-
»vant, et par celle du quinquet qui avoit con-
»tinué à brûler sans aucun changement visible
»jusqu'à l'explosion. Cet accident est une
»preuve nouvelle de la nécessité d'une extrême
»prévoyance contre les dangers du nouvel
»éclairage. Une chose me surprit, ce fut la
»descente du gaz dans un caveau à travers deux

»pieds de terre sous le conduit (quoique cette
»partie du terrain eût été récemment remuée).
»Je n'hésite donc pas à dire que le gouverne-
»ment devroit exiger que ces conduits fussent
»assis dans une argile bien compacte, ne fût-
»ce que pour obvier aux suites désagréables
»de l'échappement du gaz dans les rues, sans
»compter que les entrepreneurs eux-mêmes
»seroient moins exposés au déchet que leur
»cause le fréquent coulage des tuyaux.

»J'ai l'honneur d'être, etc.

»W. CONGREVE. »

———

*A M. Georges Harison, écuyer au trésor.*

Cecil street, 20 octobre 1822.

Monsieur,

« J'ai l'honneur de vous accuser réception
»de votre lettre du 1ᵉʳ courant, que contient
»un mémoire des directeurs de la compa-

»gnie impériale du gaz et du coke ; confor-
»mément aux ordres des lords commissaires
»du trésor, j'ai l'honneur de déclarer que,
»vu la grande étendue de terrain accordé à
»cette compagnie par acte du parlement pour
»y établir ses conduits, je crois, après de mû-
»res réflexions, que les appareils de ladite
»compagnie doivent être subdivisés en trois
»établissements, pour chacun desquels six acres
»de terre ne sont pas de trop. Il est de la plus
»haute importance pour la sûreté du voisinage
»que les gazomètres soient placés à de telles
»distances que l'explosion de l'un ne puisse se
»communiquer à l'autre.

»Je présume que l'intention du parlement,
»quand il n'a accordé que six acres à la com-
»pagnie, est de l'empêcher de trop multiplier
»ses gazomètres; mais comme les compagnies
»ont jusqu'ici obtenu l'autorisation de mettre
»leurs gazomètres presque en contact, et qu'à
»l'avenir, tant que je serai chargé de l'inspec-
»tion de ces sortes d'appareils, je croirai de mon
»devoir d'empêcher que les gazomètres soient
»trop rapprochés les uns des autres, je prends

»sur moi de dire que la compagnie ne pourra
»pas établir plus de gazomètres sur les 18 acres
»réclamés dans la nouvelle pétition, qu'elle
»n'en auroit établi sur les 6 acres accordés par
»l'acte du parlement.

» J'ai l'honneur d'être, etc.

» W. CONGREVE. »

————

# MÉMOIRE

## DES HABITANTS DU FAUBOURG POISSONNIÈRE.

————

Les signataires de ce mémoire viennent d'obtenir gain de cause contre M. Pauwels : mais la question principale, celle de l'éclairage par le gaz, reste indécise ; ce mémoire n'est rapporté ici que comme présentant une certaine masse de preuves à l'appui des dangers signalés dans le cours de notre Essai.

### EXTRAIT.

*Des dangers des gazomètres en ville, à MM. les conseillers du Roi ; pour les propriétaires opposants à l'établissement du gaz hydrogène, formé dans le faubourg Poissonnière.*

... «Il s'est formé, dans le courant d'août 1821, »par actions, une société commanditaire, sous »la direction de M. Pauwels, pour éclairer »Paris par le gaz.

2ᵉ ÉDIT.        9

»Les principaux actionnaires ont été :

MM. Grand-Jean, Dupuy de Parnay, Castellier, le
général comte d'Aboville, pair de France; le général
baron Roussel d'Hurbal, Pietressom Saint-Aubin, le
colonel Jeannin, B. Vedie, le lieutenant-colonel Royez,
Mirault, V. Paxton, le marquis de Sémonville, réfé-
rendaire de la chambre des pairs; Baranguey, S. Ex. le
chancelier Dambray, le vicomte Emmanuel Dambray, pair de France; le baron Desgenettes, madame
la maréchale duchesse de Montebello, le baron Del-
pierre, Boudier, le général comte Vandedem-Vande-
geden, Antoine, A. Deville, Saulnier, le colonel d'Her-
bès-la-Tour, Thiboust, Manuel, Thonnelier, A. de
Lupé, Réquier, Thorin, le général comte Ruty, B. Vedie et compagnie, V. Houyau, Le Cocq, le général
comte Compans, d'Herbès, Rosentreter, Chagot, S. Ex.
*le comte Anglès, ministre d'État;* Gamelet, Soulange-
Bodier, H. Callou, Duvey neveu, H. Morand, François, Beuvain, E. Lecocq fils, Scipion Perrier, le
comte Boulay (de la Meurthe), Boulay fils, Pauwels
fils.

*Indivis de l'article 5 de l'acte de société.*

MM. Gay, Luyt, Martin de Gray, de Garaube,
S. Exc. le duc Decazes, Desjoberts, le comte Greffulhe,
pair de France; J. Greffulhe, Sartoris, le comte de Saint-
Aulaire, Parker, de Guerchy, Soufflot, Thayer.

» Cette association a obtenu, sous le nom de
» M. Pauwels et compagnie, de M. le préfet de
» police comte Anglès, le 13 octobre 1821,
» la permission de former son établissement
» dans l'ancien hôtel de M. le comte François
» de Neufchâteau, faubourg Poissonnière,
» l'un des quartiers les plus salubres et les plus
» riches de Paris.

» Avant qu'aucune construction fût élevée,
» il y a eu opposition de la part de soixante-
» cinq habitants les plus voisins, tous pères de
» famille, propriétaires ou possédant des éta-
» blissements utiles.

» Nonobstant ces oppositions, et au mépris
» des restrictions qui lui étoient imposées par
» l'autorité, le sieur Pauwels a poursuivi le
» cours de son entreprise.

*Événements arrivés en Angleterre.*

» On lit dans *British-Press* : « Depuis long-
» temps les habitants des bords de la Tamise
» et de la Medway se plaignent de la qualité
» délétère communiquée à l'eau de ces riviè-
» res par celle qui avoit servi à la préparation

» du gaz hydrogène. Le 5 de ce mois, enfin,
» les propriétaires de cet établissement ont
» été cités devant le lord-maire, qui avoit as-
» semblé un jury de chimistes et de médecins.
» On leur présenta plusieurs boutèilles d'eau
» de la Tamise, puisée à trente pas de l'égout
» du gaz. Cette eau exhaloit une odeur infecte.
» On en a rempli un vase dans lequel on a
» plongé des anguilles et autres poissons très
» sains ; au bout de trois à quatre minutes, ils
» étoient tous morts. » ( *Journal du Commerce*
du 25 septembre 1821.)

« Vendredi, vers quatre heures après midi,
» un gazomètre de Friars street a éclaté avec
» une détonation terrible. C'est là qu'est le
» réservoir qui fournit le gaz à Black-Friars-
» Road et aux rues adjacentes : il contenoit
» environ cent soixante tonneaux d'eau. On
» suppose que l'accident est provenu de ce
» que le gazomètre étoit trop chargé. M. Wil-
» liam Morgan, ingénieur, a été jeté à dix toises
» par-dessus la maison de M. Andrew, dans
» Green street, et *tué roide du coup. L'explo-*
» *sion a causé beaucoup de dommages dans les*

» *environs*, et plusieurs personnes ont été bles-
» sées grièvement. M. Ropper a manqué pé-
» rir, et le *bâtiment où il fait bouillir des os a*
» *été détruit.* Plusieurs autres bâtiments ont été
» endommagés. Lorsque le gazomètre a éclaté,
» l'eau s'est élancée avec tant de force qu'elle
» *a renversé la maison de madame Carck* et
» emporté une petite fille à plus de cinquante
» verges. » ( *Journal du Commerce* du 26 septembre 1822.)

   « Hier au soir, le principal tuyau qui conduit
» le gaz à l'auberge de la Croix-d'Or, place de
» Charing-Cross, *a fait explosion;* une partie
» du premier étage a été brûlée ou fort en-
» dommagée; mais les secours ont été telle-
» ment prompts qu'on est heureusement par-
» venu à se rendre maître de l'incendie. »
( *Journal du Commerce* du 26 septembre
1822.)

   « Hier, vers midi, les habitants du quartier
» de Pall-Mall ont été dans les plus vives
» alarmes, en voyant un immense volume de
» flammes sortir des décombres de la façade
» de la maison de la compagnie des Indes,

» qui venoit de s'écrouler par l'effet d'une
» explosion dont le bruit ressembloit à celui
» d'une décharge de plusieurs pièces de grosse
» artillerie ; il en sortoit une odeur insuppor-
» table. Cette explosion provenoit de l'inflam-
» mation subite du gaz qui s'étoit échappé de
» tuyaux souterrains qu'on n'avoit pas eu soin
» de tenir bien fermés. On croit que les em-
» ployés de cette compagnie, étant descendus
» dans les caves, auront laissé le feu de quel-
» que chandelle communiquer avec le gaz.
» Plusieurs personnes ont été plus ou moins
» brûlées. Cependant le feu n'a pas pris aux
» bâtiments, grâce à la promptitude avec la-
» quelle les pompiers se sont rendus sur les
» lieux et ont travaillé à s'en rendre maîtres.
» La compagnie du gaz donnera sans doute
» des détails sur la cause de ce désastreux évé-
» nement. » (Extrait des journaux intitulés le
Drapeau blanc, la Gazette de France, le
Courrier français, et la Quotidienne.)

« Nous ne rapportons ici que les événements
» que les journaux français ont bien voulu nous
» transmettre, et sur lesquels, certes, ils ont

» tous été bien parcimonieux. Il faut cependant
» que les accidents occasionés par le gaz aient
» été bien nombreux, pour qu'après quinze ans
» de l'introduction du gaz en Angleterre et
» l'élévation de tant de gazomètres, le parle-
» ment anglais ait fait faire une enquête, et
» mis en question leur tolérance.

### Événements arrivés à Paris.

» Il ne faut point comparer Paris, encore
» vierge, si l'on peut s'exprimer ainsi, à Lon-
» dres, où les gazomètres ont envahi tous les
» quartiers.

» On compte à peine quatre établissements
» de ce genre à Paris, et encore, à l'exception
» du petit gazomètre du Luxembourg, qui, sous
» la protection de la chambre des pairs, éclaire
» le palais du Luxembourg et l'Odéon, les trois
» autres ne font que de naître et n'ont pas en-
» core eu les vastes développements auxquels
» ils prétendent, et déjà ils se sont annoncés
» par de funestes effets.

» En 1820, des exhalaisons, aussi malsaines
» que fétides, ont été produites dans le fau-

bourg Saint-Germain, par un échappement
du réservoir du gazomètre établi rue d'En-
fer pour l'éclairage du palais de la chambre
des pairs.

« Il sortit de ce réservoir, par une cause dont
» la police a dû s'informer alors, des vases et
» rejets ou débris de matières en extraction ou
» épuration de ce gazomètre. Ils coulèrent, pen-
» dant plusieurs jours, à travers les rues de
» Tournon, des Mauvais-Garçons, de Bussy, et
» de Seine.

» Les habitants et les passants en furent
» tourmentés et infectés; un de ces derniers,
» assure-t-on, en fut asphyxié. L'odeur tenace
» et mordicante en subsista long-temps, et les
» tonneaux d'arrosement public intervinrent
» en grand nombre, vu l'insuffisance des soins
» des citoyens et de leurs efforts pour porter,
» en lavant l'égout et agrandissant les flots, ces
» vases délétères dans la Seine, où enfin leur
» maléfice se neutralisa; et ce ne fut même
» qu'à une grande distance, puisque beaucoup
» de poissons morts furent vus sur la Seine près
» de cet égout.

»Avec le bouleversement perpétuel du pavé
»de la ville pour le placement des conduits du
»gaz, de graves inconvénients d'odeur et le dés-
»agrément de la fumée, nous avons encore à
»craindre la destruction prochaine de toute
»végétation près des gazomètres, et partout
»où les tuyaux seront établis. La perte de la
»moitié des arbres qui décorent les boulevards
»Montmartre et Italien en est une preuve ir-
»récusable.

»Enfin, les funestes effets du gaz sont tel-
»lement incontestables, même chez nous, que
»l'événement arrivé, le 26 août dernier, chez
»le restaurateur Prévost, au Palais-Royal, eût,
»quelques heures plus tôt, causé la mort à plus
»de trente personnes.

»Remarquez, messieurs, que nous ne rap-
»portons ici que des événements patents, et
»que nous n'allons pas chercher s'il en est ar-
»rivé d'autres que l'on a tant d'intérêt à dissi-
»muler et à laisser ignorés.

»Dans tout ceci, messieurs, nous ne faisons
»pas la guerre au nouveau système de l'éclai-
»rage; et si nous vous rapportons ces faits, ce

» n'est que pour vous démontrer le danger que
» courent nos personnes et nos propriétés, par
» l'immensité du gazomètre que M. Pauwels a
» eu l'imprudence et la témérité d'élever au
» milieu de nous, malgré notre opposition et
» nos réclamations : gazomètre qui contient,
» suivant l'aveu même de son fondateur,
» 200,000 pieds cubes de gaz, sans compter
» une réserve de 100,000 pieds cubes.

» Pour vous éclairer, vous avez cru devoir
» consulter des savants dignes de votre con-
·» fiance. La communication de leur rapport
» n'ayant pas été accordée, nous ignorons leur
» réponse à la question de la possibilité de l'ex-
» plosion du gazomètre, et les moyens qu'ils
» indiquent pour la prévenir.

» Si cette réponse est affirmative, comme
» nous avons tout lieu de le penser, et que par
» un beau zèle pour la science et pour une in-
» dustrie nouvelle, l'on vous ait dit, L'explo-
» sion est possible, mais elle est peu probable
» en prenant les moyens que la prudence et la
» science suggéreront, nous vous demande-
» rons, messieurs, si l'une et l'autre ne peuvent

»pas être en défaut, et si vous prendrez sur
»votre conscience une telle responsabilité.
»D'ailleurs tous les dangers sont-ils encore
»connus, lorsqu'après quinze ans d'expérience
»le parlement d'Angleterre, après plusieurs
»enquêtes réitérées pour s'éclairer sur cette
»matière, a cru devoir en ordonner de nou-
»velles avant de rien statuer?

» Chez nous, nos savants ont-ils pu en si peu
» de temps tout approfondir, et leur science
»a-t-elle pu tout prévoir?

» Et quand bien même ils donneroient des
»moyens préservatifs contre le danger, ou
» qu'ils nieroient la possibilité de l'explosion,
»peuvent-ils maîtriser l'opinion publique,
» qui, à l'aspect de ce gazomètre colossal, ré-
» prouve nos propriétés et nos établissements?

»Non, messieurs, vous ne laisserez pas au
»milieu d'un des quartiers les plus riches de
»Paris et des plus populeux, un gazomètre
»de l'effroyable dimension de 200,000 pieds
»cubes avec une réserve de 100,000 pieds
»cubes, dont l'explosion entière équivaudroit
»à l'explosion de 1038 barils de poudre.

»Vous ne compromettrez pas l'existence de
»tant de familles, qui ne vivent plus que dans
»la terreur et dans l'anxiété.

»Vous ne sacrifierez pas à la cupidité de quel-
»ques individus, de riches propriétés qui ne
»peuvent être transportées ailleurs, et qui sont
»la seule fortune de la plupart d'entre nous.

»Vous ne ruinerez pas des établissemènts
»utiles qui jusqu'alors avoient prospéré, et qui
»se voient chaque jour abandonnés.

»Vous frémirez lorsque vous saurez que ce
»foyer incendiaire est au centre de sept pen-
»sions de jeunes demoiselles, de deux maisons
»de santé, d'un établissement de charité de trois
»cents jeunes filles, et d'une vaste caserne.

»Vous vous hâterez de le rejeter loin de nous;
»et tous les habitants du faubourg Poissonnière
»verront avec reconnoissance que des considé-
»rations personnelles n'ont pu arrêter votre
»équité.

»A l'appui de nos justes alarmes se joint en-
»core celle de n'être point indemnisés par
»la compagnie d'assurances mutuelles contre
»l'incendie de la perte de nos propriétés, si par

»l'effet d'explosion du gazomètre le feu venoit
»à s'y communiquer.

»La preuve en est acquise par la lettre de
»cette compagnie, qui se trouve produite aux
»pièces du procès. »

(*Suivent les signatures.*)

# NOTES JUSTIFICATIVES.

(EXTRAITS DES JOURNAUX.)

L'impartialité dont nous faisons preuve par le choix même de ces extraits, nous dispense de tout commentaire.

*Au rédacteur du Journal des Débats.*

« Monsieur,

» Dans votre feuille du 18 juin dernier, vous »aviez rappelé que l'éclairage par le gaz hydro-»gène étoit dû au procédé inventé par M. Le-»bon; dans celle du 9 juillet, vous avez inséré »une réclamation de M. Winsor, Anglais, qui »prétend que cette découverte étoit connue »dans la Grande-Bretagne depuis 1739. Voici »la réponse : Avant et après l'obtention du bre-»vet, M. Lebon a été pressé par les plus vives »sollicitations de passer en Angleterre pour »y faire connoître son procédé. Comment l'An-»gleterre n'usoit-elle pas d'une découverte »utile qu'elle possédoit depuis long-temps, et »pourquoi venoit-elle la chercher en France ?

»M. Winsor paroît avoir eu connoissance des
»expériences de M. Lebon. Comment n'a-t-il
»pas revendiqué la découverte pour lui-même
»pendant les quinze années de brevet? C'est en
»Angleterre que ceux qui s'étoient approprié
»ce procédé ont recueilli le bénéfice de leur
»usurpation; c'est après ces quinze années seu-
»lement qu'ils ont osé exploiter l'invention en
»France : on ne peut expliquer ces faits que
»par la conviction où ils étoient que cette dé-
»couverte ne leur appartenoit point. Des actes
»du parlement d'Angleterre nous apprennent,
»dit M. Winsor, que, dès 1739, on a constaté
»la qualité du gaz de devenir inflammable. Le
»problème à résoudre n'étoit pas de détermi-
»ner si le gaz étoit inflammable, c'étoit de
»l'obtenir dégagé des matières qui l'envelop-
»pent, c'étoit de recueillir les différents pro-
»duits de la décomposition des matières com-
»bustibles. Ce seroit donc une dérision de vou-
»loir enlever à M. Lebon la gloire de l'inven-
»tion, parceque, dès 1739, la qualité inflam-
»mable du gaz avoit été reconnue. M. Winsor
»affirme qu'il a le premier découvert le pro-

»cédé propre à l'*éclairage-pratique*. C'est une
»grande erreur. Tout Paris a été témoin d'ex-
»périences faites, il y a plus de vingt ans, dans
»la rue Saint-Dominique, par M. Lebon. Après
»sa mort, sa veuve, qui avoit obtenu, en l'an X,
»un brevet de perfectionnement, a fait de nou-
»velles expériences. Dans ces essais, de vastes
»appartements étoient éclairés, et tous les ré-
»sultats de l'invention étoient obtenus. Mais
»M. Lebon est mort; son épouse l'a suivi de
»près au tombeau, et l'invention a paru négli-
»gée pendant quelques années. Lorsqu'à sa ma-
»jorité leur fils a voulu reprendre ses droits,
»le privilége du brevet étoit expiré : que la dé-
»couverte de son père devienne la propriété
»publique au préjudice de sa fortune, il ne s'en
»plaint pas : mais que des étrangers viennent
»en réclamer la gloire, et vendre en France
»ce qui appartient aux Français, c'est ce qu'il
»ne peut pas tolérer. Il proteste hautement
»contre une telle usurpation.

»J'ai l'honneur d'être, etc.

»QUILLAUX, *mandataire de M. Lebon.* »

*Au même.*

Monsieur,

« Le 3 de ce mois, à l'audience du tribunal
»civil, première chambre, ont eu lieu les der-
»nières plaidoiries sur l'appel que les sieurs
»Manby, Henry et Wilson ont interjeté du ju-
»gement rendu en ma faveur, dans ma pour-
»suite contre eux, en contrefaçon de mes ap-
»pareils brevetés de 1815 pour l'éclairage par
»le gaz. Ces messieurs, dans le cours de leur
»défense, tendante à l'annulation de mes bre-
»vets, se sont fait un moyen de l'article relatif
»à M. l'ingénieur Lebon, inséré comme *ad*
»*hoc* dans la feuille de votre journal du 28 juin
»dernier, sur ce qu'entre autres assertions cet
»artiste français y est cité comme *l'auteur de*
»*la découverte* de l'éclairage par le gaz, et
» breveté à ce titre dès l'an VIII.

»Permettez, monsieur, que, par la même
»voie, je rectifie ce qui est inexact dans cette
»assertion de l'article, sans rien disputer à
»feu M. Lebon du tribut d'éloges auquel il a
»droit, et que, dès 1802, j'ai été le premier
»à lui rendre.

»Il n'est pas exact de dire que les premières
»indications de la possibilité de l'éclairage par
»le gaz aient été données par M. Lebon ; elles
»l'ont été, il y a plus d'un siècle et à diverses
»époques, par plusieurs chimistes habiles de
»l'Angleterre, dont les noms et les travaux en
»cette partie sont rappelés au *Traité pratique*
»qu'en 1816 j'ai publié sur cette branche d'in-
»dustrie. Des actes irrécusables du parlement
»d'Angleterre, intervenus en ma faveur, attes-
»tent que, dès 1739 notamment, la qualité in-
»flammable du gaz avoit été jugée et soumise à
»des expériences comme moyen d'éclairage.

»Il n'est pas plus exact de dire que les pro-
»cédés actuellement employés pour la fabrica-
»tion et *l'épuration* du gaz, et qui l'ont rendu
»propre à *l'éclairage pratique*, soient dus à
»M. Lebon : ce sont précisément ces procédés
»que je revendique au procès actuel, comme
»en étant l'unique auteur ; et, pour lever toute
»équivoque sur ce point, c'est moi qui ai pro-
»voqué judiciairement la confrontation de
»mes appareils avec ceux de feu M. Lebon,
»confrontation qui a été ordonnée et que

»MM. Manby, Henry et Wilson s'efforcent
»d'empêcher par leur appel.

»Tout le débat entre eux et moi roule pré-
»cisément sur la question de savoir si la con-
»struction d'appareils tels que les miens étoit
»connue en France; si elle y étoit pratiquée
»avant 1815, date de mes brevets; en un mot,
»si, avant l'importation que j'en ai faite en
»France, il y avoit ou non *une publicité fran-*
»*çaise.*

»La notoriété publique atteste qu'à cette
»époque de 1815 on étoit loin encore en
»France d'avoir rien adopté de l'éclairage
»par le gaz à la manière de M. Lebon ou
»toute autre; qu'au contraire, les préventions
»les plus fortes le repoussoient, et qu'il m'a
»fallu faire des expériences sans nombre
»pour en triompher comme je l'ai fait.

»J'attends de votre impartialité, monsieur
»le rédacteur, que vous voudrez bien insérer
»la présente notice dans l'un de vos plus
»prochains numéros.

»J'ai l'honneur d'être, etc.

« G. A. WINSOR. »

## Extrait du journal du Commerce.

*N. B.* Nous pensons avoir réfuté d'avance le rapport suivant, extrait du journal du Commerce.

### ÉCLAIRAGE PAR LE GAZ.

« Nous avons dit hier que le rapport du »conseil de salubrité contenoit des renseigne- »ments précieux relativement à ce mode d'é- »clairage : dans ce moment, où l'attention pu- »blique est appelée sur cet objet, nous croyons »qu'on nous saura gré de donner un extrait de »cette partie du rapport, qui est mise par le »conseil lui-même au nombre des plus im- »portantes.

»Cette question, dit le conseil, ayant été fort »controversée dans le public, nous croyons »convenable de la traiter avec quelque éten- »due, et avec d'autant plus de raison que »beaucoup d'idées erronées se sont répan- »dues et tendent à s'accréditer sur cette in- »dustrie nouvelle. L'intérêt des producteurs »de gaz d'une part, d'une autre part l'in- »térêt contraire de ceux qui sont froissés par »ce mode d'éclairage, font de nombreux ef-

»forts pour obscurcir la vérité : nous allons
»tâcher de la faire paroître dans tout son jour.

   »Le conseil établit ici que des expériences
»faites à Paris, dès l'année 1686, démon-
»troient la possibilité de produire une lu-
»mière continue au moyen du gaz hydrogène ;
»mais jusqu'en 1799 on ne s'en occupa que
»comme d'expériences de laboratoire. C'est
»alors que Philippe Lebon, ingénieur des
»ponts et chaussées, aperçut le parti qu'on
»pouvoit en tirer ; et, deux ans après, il pu-
»blia un mémoire sur les *thermolampes*, dans
»lequel il annonçoit la possibilité de distiller
»la houille et les substances oléagineuses. Les
»Anglais ne tardèrent pas à s'emparer des
»idées de Lebon, et, en 1805, plusieurs fa-
»briques de Birmingham furent éclairées, par
»les soins de M. Murdock, au moyen de ce
»procédé tout français. M. Winsor s'occupoit
»en même temps de l'éclairage par le gaz, et
»réclamoit à tort, dans ses mémoires, la gloire
»qui doit appartenir à Philippe Le Bon.

   »Ce fut en 1815 que M. le préfet de la Seine,
»averti des avantages qui résultoient pour l'An-

»gleterre du nouvel éclairage, créa une com-
»mission à l'effet de l'appliquer à l'hôpital
»Saint-Louis ; et il est assez digne de remarque
»que le secrétaire général du même départe-
»ment est aujourd'hui à la tête des adversaires
»du gaz. Quoi qu'il en soit, le 1er janvier 1818
»toutes les dépendances de l'hôpital furent
»éclairées ; on regrette seulement que l'ap-
»pareil, disposé pour un éclairage de quinze
»cents becs, et destiné originairement à éclai-
»rer les Incurables et Saint-Lazare, ait été
»restreint jusqu'à présent aux trois cents becs
»environ dont se compose le service de l'hô-
»pital Saint-Louis.

»Nous remarquerons, dit le rapport, que
»l'application de l'éclairage par le gaz à un
»hôpital dans lequel il n'a donné lieu à aucune
»plainte, répond d'avance victorieusement à
»toutes les objections que la malveillance
»pourroit vouloir tirer de l'insalubrité pré-
»tendue de cette lumière.

»Pendant que, sous la direction des hommes
»habiles dont on avoit composé la commission
»pour l'éclairage de Saint-Louis, cet éclairage

»étoit porté à un haut degré de perfection.
»M. Winsor, venu en France en 1816, ten-
»toit des essais infructueux, et devoit céder à
»un fabricant français le soin d'éclairer l'O-
»déon et le faubourg Saint-Germain.

  »Le ministre de la maison du roi crut à son
»tour devoir faire appliquer aux théâtres pla-
»cés sous son administration un mode d'éclai-
»rage qui ajoutoit beaucoup à la splendeur des
»théâtres de Londres, et il ne tarda pas à faire
»construire une usine d'éclairage auprès de
»l'abattoir Montmartre. Peu de temps après,
»deux établissements de même nature furent
»formés, l'un vers l'extrémité du faubourg
»Poissonnière, par M. Pauwels fils, qui avoit
»succédé à M. Winsor dans l'usine du Luxem-
»bourg; l'autre en dehors de la barrière de
»Courcelles, par MM. Manby, Henry et Wil-
»son. Ainsi que nous l'avons dit hier, le gaz
»de l'établissement de M. Pauwels et celui
»de l'usine royale sont extraits de la houille;
»MM. Manby, Henry et Wilson tirent le leur
»des graines oléagineuses. Ces trois usines pour
»la rive droite, et celle du Luxembourg pour

»la rive opposée, sont les seules qui jusqu'à ce
»jour concourent à l'éclairage de la capitale.
»A l'époque où le rapport fut présenté, c'est-
»à-dire au commencement d'août, plusieurs
»autorisations nouvelles avoient été accor-
»dées, mais ceux qui les avoient obtenues ne
»les ont pas utilisées '.

»L'éclairage par le gaz est donc établi en
»France; et, d'après un relevé récemment fait,
»7,000 becs environ sont servis dans Paris par
»les quatre grandes usines, sans compter les
»établissements particuliers. Mais quels sont
»les avantages de ce mode d'éclairage? Nous

---

' Le rapport parle aussi de quelques autres établissements destinés seulement à l'éclairage des maisons particulières : il cite avec éloge ceux de M. Gengembre, qui
tient la maison de bains rue des Colonnes, et de M. Pé-
ligot, qui a introduit ce mode d'éclairage aux eaux d'En-
ghien. Le gaz, dans ces deux appareils, est extrait de
l'huile ; et le conseil pense que ce mode est préférable
pour les éclairages d'une foible étendue. Sans émettre
sur ce sujet une opinion décidée, nous pensons qu'il seroit à désirer que l'éclairage au moyen de l'huile préva-
lût : on verra par la suite de cet article que la dépuration
du gaz que l'on en obtient se fait d'elle-même; et, outre

»laisserons parler le conseil : « L'éclairage par
» le gaz a sur tous les autres une supériorité
»incontestable ; il offre au consommateur une
»lumière plus belle, plus abondante et plus
»économique, débarrassée des inconvénients
»de la fumée et de la malpropreté. Cette lu-
»mière présente d'ailleurs moins de chances à
»l'incendie. » Malgré ces avantages, elle a,
»comme on le sait, trouvé de nombreux dé-
»tracteurs, et nous laisserons encore au con-
»seil le soin de les caractériser : « Les uns,
»parceque la substitution du gaz aux matières
»qui servoient à l'éclairage, a porté atteinte

cet avantage, il en existe d'autres qui ne sont pas à né-
gliger. D'abord on empêcheroit la hausse du prix de la
houille, si nécessaire à nos fabriques, au développement
de notre industrie et à l'aménagement de nos bois ; et
ensuite, en donnant un emploi aux graines oléagineuses,
on diminuerait légèrement les pertes des départements
dont cette culture est une des principales ressources. Au
surplus, c'est à l'intérêt particulier à décider cette question, que nous n'avons élevée que parceque le conseil
lui-même est d'avis qu'au nombre des opposants se trou-
vent en première ligne les personnes dont l'industrie
est froissée par ce genre d'éclairage.

»à leur commerce et à leur industrie; les au-
»tres, parceque, ennemis nés de ce qui sort
»des routes ordinaires, ils regardent comme
»une calamité toute invention nouvelle[1].

»Maintenant nous emprunterons au rapport
»quelques explications rapides sur la manière
»de produire le gaz :

»Les usines d'éclairage sont composées de
»fourneaux, d'épurateurs et de gazomètres.

»Les fourneaux contiennent des cornues de
»fonte, assez ordinairement de forme ellip-
»tique, placées horizontalement et de manière
»à présenter la plus grande surface possible à
»l'action du feu. Chaque cornue est garnie
»d'une tête, surmontée d'un tuyau perpendi-
»culaire de moyenne dimension, dont l'extré-
»mité communique avec un grand tuyau hori-

---

[1] Nous sommes si peu ennemis des inventions nouvelles dans leurs applications utiles et inoffensives, que
nous ne désapprouvons point celle-ci dans quelques parties de l'éclairage *public*, pourvu qu'elle soit *extérieure*,
et que les gazomètres soient *d'une très petite capacité*,
parcequ'elle peut offrir alors, et avec ces conditions,
plus d'avantages que d'inconvénients.

»zontal nommé barillet, à moitié rempli d'eau,
»dans laquelle cette extrémité plonge de quel-
»ques pouces. La cornue, après avoir été char-
»gée de charbon de terre et exactement lutée,
»est exposée à un feu de fourneau très vif, et
»portée au rouge. Le charbon qu'elle ren-
»ferme, en se décomposant, abandonne le gaz
»hydrogène et le goudron, compris dans ses
»principes constitutifs. Le goudron, seule-
»ment vaporisé, se condense dans le barillet.
»Comme il est plus léger que l'eau, il nage à
»sa surface et coule, au moyen d'un tuyau de
»décharge, dans des cuves destinées à le re-
»cevoir. Le gaz occupe la partie élevée du
»barillet, d'où, pressé par celui qui se produit
»sans cesse, il se rend, en passant par un tuyau
»supérieur, dans l'appareil disposé pour son
»épuration.

   »Les épurateurs, ainsi que leur nom l'indi-
»que assez, sont des appareils disposés pour la
»purification du gaz; ils sont de diverses na-
»tures dans les différentes usines. Plusieurs fa-
»bricants font mystère de leur moyen d'épu-
»ration, qui, dans tous les cas, a pour but de

»dépouiller le gaz hydrogène carboné des gaz
»étrangers, avec lesquels il peut se trouver
»mélangé, et qui proviennent ordinairement
»de la décomposition des pyrites sulfureuses
»que l'on rencontre dans la houille. L'agent
»chimique le plus habituellement employé
»pour l'épuration est la chaux, dont l'affinité
»avec le gaz sulfureux est connue. Le secret
»du fabricant consiste dans la disposition par
»laquelle il multiplie les contacts de la chaux,
»soit sèche, soit liquide, avec le gaz résultant
»du charbon. Lorsque l'on extrait le gaz de
»l'huile ou des substances oléagineuses, son
»épuration devient inutile, et on le fait seule-
»ment passer à travers un réfrigérant, pour
»condenser l'huile qu'il peut tenir en suspen-
»sion et empêcher qu'il ne parvienne chaud
»dans le gazomètre.

»Les gazomètres sont des espèces de cloches
»généralement en tôle, et de forme cylindri-
»que, de plus ou moins grandes dimensions.
»Ces cloches sont immergées dans des citernes
»remplies d'eau, d'où elles ne s'élèvent, au
»moyen de chaînes de suspension et de con-

»tre-poids, que lorsque le gaz venant à s'y
»introduire déplace l'eau qui y étoit con-
»tenue. Le gaz arrivé dans les gazomètres est
»prêt à être livré à l'éclairage.

» Les opérations au moyen desquelles la pro-
»duction du gaz a lieu étant connues, il de-
»vient facile de calculer les chances de danger
»qui peuvent en résulter. Le rapport établit
»d'abord, *par le raisonnement*, l'impossibilité
»de l'explosion de gazomètres, et il appelle
»ensuite les faits à l'appui de son opinion. De-
»puis plus de quinze ans il existe de nombreux
»appareils d'éclairage dans presque toutes les
»parties de l'Angleterre, depuis environ huit
»ans il en a été construit en France et dans le
»royaume des Pays-Bas; et cependant il est sans
»exemple qu'un seul gazomètre ou qu'une
»partie quelconque des appareils qui servent
»à produire le gaz ait fait explosion de ma-
»nière à ce qu'il en soit résulté des accidents
»graves. En 1822, les journaux ont dit que
»l'explosion d'un gazomètre avoit eu lieu à
»Londres, dans une usine d'éclairage située
» dans le voisinage de Black-Friars, et qu'elle

»avoit causé des dégâts considérables. Le con-
»seil s'empressa de demander des renseigne-
»ments sur cet événement, et l'enquête du
»*coroner* (officier de justice) qui lui fut en-
»voyé prouva que l'accident consistoit dans la
»rupture d'une énorme citerne en fonte, qui,
»étant mal construite, avoit cédé sous la pres-
»sion de l'eau dont elle étoit remplie ; qu'ainsi
»il y avoit eu inondation et non pas explosion.

»Il ne dissimule pas cependant que l'on peut
»supposer une combinaison de circonstances
»telle, que l'éclairage par le gaz occasione
»*quelques accidents*. Si, par exemple, on lais-
»soit pénétrer du gaz dans un lieu si exacte-
»ment fermé qu'il n'eût aucune communica-
»tion possible avec l'air extérieur ; s'il s'in-
»troduisoit dans ce lieu une quantité de gaz
»suffisante pour établir la proportion néces-
»saire à la détonation ; si, enfin, on y entroit
»avec une lumière, il est évident qu'il pour-
»roit y avoir explosion : mais on conçoit com-
»bien une pareille réunion de circonstances
»est *difficile* [1]. Indépendamment de l'intérêt

---

[1] Elle est si peu difficile, qu'elle peut et DOIT SE

»que les propriétaires d'usines ont à rendre
»leurs conduits imperméables, et de celui que
»les consommateurs ont à prévenir les éma-
»nations fétides du gaz, son odeur avertiroit
»de sa présence et indiqueroit les précautions
»qu'il seroit nécessaire de prendre.

    »Les conséquences de ce qui précède, dit
»le conseil en terminant, sont faciles à dé-
»duire : la lumière du gaz est plus belle et
»plus économique que toutes celles employées
»jusqu'à ce jour; il est donc désirable d'en voir
»multiplier l'usage. Quant aux usines d'éclai-
»rage, elles ne présentent par elles-mêmes
»aucun danger, ni même aucun inconvénient
»grave. Il ne pourroit en naître que de *la*
»*mauvaise construction des appareils*, ou *de*
»*la négligence des entrepreneurs*; aussi le con-
»seil a-t-il cru devoir placer cette nature d'é-
»tablissements dans la seconde classe de l'or-
»donnance relative aux établissements insalu-
»bres et incommodes; c'est-à-dire, les assimi-

RENOUVELER DANS TOUTES LES CAVES DE PARIS QUI SE
TROUVEROIENT EN COMMUNICATION AVEC DES TUYAUX QUI
FUIENT.

»ler aux fabriques dont l'isolement n'est pas
»rigoureusement indispensable, mais qui ne
»peuvent être formées près des habitations
»qu'en se conformant aux précautions jugées
»convenables par l'autorité et sous sa surveil-
»lance. ¹ »

---

*Extrait du Drapeau blanc.*

Paris, 25 sepiembre.

«Les grands événements qui s'opèrent ou
»qui se préparent dans la péninsule, les nou-
»veaux efforts de nos braves, et le résultat
»heureux qu'on en espère, les vents de l'équi-
»noxe qui soufflent sur la baie de Cadix, et

¹ Grâces soient rendues au conseil de salubrité ! Nous
savons du moins que son extrême indulgence pour le
nouveau mode d'éclairage ne l'a pas empêché de le clas-
ser parmi les établissements INSALUBRES et incommodes.
Quant au DANGER, le conseil de salubrité nous donne
pour garantie *l'intérêt des propriétaires d'usine.* Il faudroit être bien difficile pour ne pas dormir en repos là-
dessus. LE VOLCAN EST ASSURÉ.

»peut-être aussi sur notre conseil des minis-
»tres, n'absorbent pas tellement l'attention
»publique, que l'arrêté du conseil d'état qui
»supprime la compagnie Pauwels n'en cap-
»tive aussi une bonne partie. C'est donc pour
»nous un devoir de soumettre à nos lecteurs
»les observations que nous suggèrent la ques-
»tion en litige et l'acte de l'administration
»qui la décide.

»Une entreprise se forme à Paris pour l'é-
»clairage par le gaz hydrogène. Amorcées par
»un premier succès, d'autres compagnies, à
»la faveur d'une autorisation semblable, s'éta-
»blissent dans divers quartiers de la capitale.
»Une d'elles, par l'étendue du terrain qu'elle
»embrasse, par l'énorme capacité du réser-
»voir qu'elle exige, par l'immense dévelop-
»pement de tuyaux qu'elle déploie, excite
»enfin l'inquiétude générale. Quelques hom-
»mes courageux, d'abord foiblement secondés
»par une population indolente ou timide, et
»mal accueillis par l'administration, osent éle-
»ver une voix plus hardie. Ils signalent des
»inconvénients plus ou moins sensibles, des

»dangers plus ou moins graves. L'administra-
»tion, jusque-là peu attentive, s'inquiète et
»s'alarme elle-même. On prend des renseigne-
»ments; on nomme des commissaires; on in-
»terroge des témoins; on recueille de toutes
»parts des faits, des expériences et des avertis-
»sements utiles. Le danger qui résulte, sinon du
»procédé lui-même, du moins de son applica-
»tion à une masse considérable, est reconnu et
»constaté. Dès lors l'administration qui est le
»plus spécialement chargée de veiller à la sû-
»reté publique prend une mesure sévère,
»mais ferme, courageuse et salutaire; elle ob-
»tient qu'une autorisation trop imprudem-
»ment accordée soit annulée, qu'un privi-
»lége qui pouvoit compromettre la vie des
»citoyens et l'existence même de la capitale
»soit supprimé. Les autres établissements,
»qui, sans offrir, à cause de leur moindre ca-
»pacité, des dangers aussi graves, ne sont
»cependant pas exempts des mêmes incon-
»vénients, vont être, à ce qu'on nous assure,
»compris dans la même mesure. Des intérêts
»particuliers pourront en souffrir; mais le

»grand intérêt de la sûreté générale sera sa-
»tisfait : d'innombrables familles seront ras-
»surées dans le plus cher, dans le premier de
»tous les sentiments, celui de la sécurité pour
»leurs personnes; et l'administration, à son
»tour, aura accompli le plus pressant et le
»premier de tous ses devoirs, celui de proté-
»ger la vie des hommes.

　　»Tel est le résumé exact de la question qui
»concerne la compagnie Pauwels, et l'arrêté
»du conseil d'état qui la supprime; question
»dans laquelle les feuilles libérales n'ont sem-
»blé voir qu'une affaire de personnes ou même
»de parti, pour en faire à leur manière un su-
»jet de reproche à l'administration. A les en-
»tendre, ces honnêtes gens, ces hommes dés-
»intéressés, l'autorité qui supprime aujour-
»d'hui un mode d'éclairage reconnu contraire
»à la salubrité publique ne le feroit qu'en
»haine de l'autorité qu'elle a remplacée. Ce
»seroit pour le mince plaisir de casser un acte
»de M. le comte Anglès, et non pour l'im-
»mense avantage de rassurer la population de
»Paris, que M. le ministre de l'intérieur pour-

»suivroit aujourd'hui la compagnie Pauwels;
»et ses actionnaires, *dont le nom n'a sûrement*
»*point influé en faveur de leur cause*, qu'on
»voudroit ruiner, et non un volcan qu'on vou-
»droit éteindre, ni la capitale entière qu'on
»voudroit sauver. Nous respectons trop pro-
»fondément le caractère de M. le comte de
»Corbière pour le défendre contre de pa-
»reilles insinuations; et nous sommes d'ail-
»leurs, par notre propre caractère, assez peu
»disposés à défendre un ministre, si ce n'est
»quand les libéraux l'accusent [1]. Nous dirons
»donc que la fermeté qu'il a montrée en cette
»occasion le justifie et l'honore aux yeux de
»toute la France; nous dirons à la compagnie
»Pauwels, dont nous plaignons sincèrement
»la disgrâce, puisque c'est sur la foi d'une au-
»torisation qu'elle a dû croire légale, sous
»l'égide d'une autorité qu'elle a dû croire

---

[1] Nous devons rappeler ici à nos lecteurs que nous
copions. Il est loin de notre pensée de faire une question
de parti d'une question de sécurité matérielle et d'intérêt commun. Si quelques écrivains irréfléchis ont eu
ce tort, il falloit le leur laisser.

»compétente, qu'elle a étendu ses spécula-
»tions et prodigué ses capitaux, nous lui di-
»rons que c'est de cette autorité reconnue
»aujourd'hui incompétente qu'elle doit récla-
»mer des dommages proportionnés à l'im-
»mensité de ses pertes et de ses sacrifices.
»L'administration actuelle ne doit pas, ne
»peut accepter la solidarité des actes de l'ad-
»ministration passée, lesquels seroient con-
»traires aux lois ou dangereux pour le pu-
»blic. Quoi qu'en disent MM. du *Journal du*
»*Commerce* et du *Courrier*, une industrie qui
»est reconnue nuisible ne peut, par cela seul
»qu'elle a été d'abord autorisée, prétendre à
»devenir toujours inviolable. Ce seroit établir
»un étrange privilége en faveur des ennemis
»mêmes du repos et de la sûreté publique;
»et l'administration a sagement fait de n'ac-
»cepter d'autre responsabilité que celle dont
»elle est chargée, au nom et dans l'intérêt de
»la société tout entière. »

FIN.

# SOUS PRESSE.

## I.

# DE LA MÉDECINE ET DES MÉDECINS,

## A LONDRES ET A ÉDIMBOURG.

Ouvrage précédé d'un tableau de l'Enseignement
dans les universités et les principales écoles
d'Angleterre et d'Écosse ; in-8°.

## PAR AMÉDÉE PICHOT, Dr M.

PAR LE MÊME AUTEUR.

## II.

# VOYAGE LITTÉRAIRE

## EN ANGLETERRE ET EN ÉCOSSE,

DEUX VOLUMES IN-8°.

*Note des principaux chapitres de cet ouvrage.*

Douvres et le comté de Kent. — Des paysages anglais. —
Londres. — Promenades publiques, édifices. — De l'architec-
ture. — Exposition de tableaux. — Sculpteurs et peintres :
Flaxman, Chantrey, Fuseli, West, Martin, Lawrence, Wilkie,
Turner, etc., etc. — Société. — Mœurs. — Clubs. — Institutions

www.ingramcontent.com/pod-product-compliance
Lightning Source LLC
Chambersburg PA
CBHW060609210326
41519CB00014B/3605